Mercedes-Benz
DAS G-Klasse
SCHRAUBERHANDBUCH

Mercedes-Benz

DAS G-Klasse SCHRAUBERHANDBUCH

Mercedes-Benz
DAS G-Klasse SCHRAUBERHANDBUCH

REPARIEREN UND OPTIMIEREN LEICHT GEMACHT

Jörg Sand

HEEL

HEEL Verlag GmbH
Gut Pottscheidt
53639 Königswinter
Tel.: 02223 9230-0
Fax: 02223 923026
E-Mail: info@heel-verlag.de
Internet: www.heel-verlag.de

7. Auflage 2025

Verantwortlich für den Inhalt:
Jörg Sand

Lektorat:
Joachim Hack

Fotonachweis:
Daimler AG, Heritage Information Center
Jörg Sand

Druck: Finidr s.r.o., Czech Republic

Warnhinweis:

Dieses Buch soll Hilfe zur Selbsthilfe sein. Die hierin veröffentlichten technischen Ratschläge entsprechen nicht immer den üblichen Handwerksregeln.

Für etliche technische Ratschläge in diesem Buch wird handwerkliches Grundwissen vorausgesetzt, ohne dass man die entsprechenden Arbeiten nicht angehen soll.

Im Zweifelsfall sollte man vor Durchführung von technischen Arbeiten immer einen geschulten Spezialisten zu Rate ziehen und die Arbeiten nicht selbst durchführen.

Etliche Ratschläge können bei fehlerhafter Ausführung unter bestimmten Umständen zu erheblichen Folgeschäden führen.

Autor und Verlag lehnen daher ausdrücklich jede Haftung für die veröffentlichten Arbeitsanweisungen und daraus gefolgerte Schlüsse ab. Für alle anhand dieses Buches ausgeführten Arbeiten übernimmt der durchführende Schrauber, Bastler oder Mechaniker das alleinige und uneingeschränkte Risiko. Ebenso ist die Haftung des Autors, Übersetzers und Verlags für Druckfehler, Schreibfehler und sachliche Fehler jeder Art ausdrücklich ausgeschlossen.

Printed in Czech Republic

ISBN 978-3-89880-718-0

Inhaltsverzeichnis

Abschnitt I: Grundlagen der Pflege

Abschnitt II: Grundlagen der Wartung

Abschnitt III: Motor

Abschnitt IV: Gemischbildung

Abschnitt V: Getriebe

Abschnitt VI: Allradtechnik

Abschnitt VII: Bremsanlage

Abschnitt VIII: Fahrwerk

Abschnitt IX: Karosserie

Abschnitt X: Elektrik

Abschnitt XI: Kaufberatung

VORWORT

In seiner nunmehr fast 30-jährigen Bauzeit hat sich der Mercedes/Puch G nicht nur längst in der Geländewagenszene etabliert. Er gilt zu Recht als gelungene Realisierung eines außergewöhnlichen Fahrzeugkonzeptes, bei dem in vorbildlicher Weise hervorragende Geländegängigkeit mit komfortablen Straßenfahreigenschaften kombiniert wurden. Gleichzeitig standen die Ingenieure aber auch vor der Herausforderung, den Nutzfahrzeugaspekt zu berücksichtigen. So gelang es der G-Klasse nicht nur, sich den Ruf als einer der besten Geländewagen der Welt zu sichern. Der Mercedes G hat sich mit seiner vielseitigen Modellpalette, die vom spartanischen Nutzfahrzeug über militärische Varianten bis hin zum luxuriösen Statussymbol reicht, eine breite Käuferschicht sichern können. Wohl kaum ein anderes Gefährt kann so unterschiedlich ausgestattet werden. Ob Luxusfahrzeug mit 500 PS oder luftlandefähiges Armeevehikel, (fast) jede Option ist denkbar. Ein umfangreiches Zubehörprogramm mit leistungsfähigen Seilwinden für den harten Forst- oder Geländeeinsatz bis hin zum High-tech-Multimediaequipment mit DVD-Player und anderen Unterhaltungsspielereien lässt keinen Kundenwunsch unerfüllt. So unterschiedlich wie die einzelnen Fahrzeuge sind auch die Bedingungen, unter denen sie eingesetzt werden. Aber ob man den Stuttgarter Kletterkünstler nun im harten Arbeitsalltag einsetzt oder bei anspruchsvollen Trial- und Offroad-Wettbewerben bewegt oder ob der teure G55 Kompressor AMG nur sonntags aus der beheizten Garage geholt und zum Cruisen verwendet wird, der G erfüllt alle an ihn gestellten Anforderungen mit Bravour.

Die G-Klasse lässt sich in sechs Baureihen unterteilen:

Das Baumuster W 460 (1979-1991)
mit Zuschalt-Allrad, mechanisch zuschaltbarer Untersetzung (voll synchronisiertes Verteilergetriebe mit starrem Durchtrieb) und mechanisch/hydraulischen Differenzialsperren vorn und hinten.

Das Baumuster W 461 (Baujahre von 1990-2001) ist im Prinzip technisch baugleich mit dem W 460, jedoch spartanischer ausgestattet (keine Teppichböden, kein Holz, etc.). Der W 461 wurde nur bis Baujahr 2000 (290 GD Turbo) als Zivilfahrzeug angeboten, alle Fahrzeuge ab Baujahr 2001 (G 270 CDI) sind ausschließlich an Militär und Behörden verkauft worden. Sollte Ihnen also mal ein W 461 Baujahr 2001 oder jünger angeboten werden, handelt es sich mit großer Wahrscheinlichkeit um ein solches Behördenfahrzeug (EU Zulassung überprüfen!).

Das Baumuster W 462 (Baujahre von 1991 – 2001) ist baugleich mit dem W 461, allerdings in Griechenland aus angelieferten Teilen (CKD-Bausätze) produziert worden.

Das Baumuster W 463 (Baujahre von 1989 – 2000) besitzt einen permanenten Allradantrieb, mechanisch zuschaltbare Untersetzung (vollsynchronisiertes Verteilergetriebe mit Mitteldifferenzial), elektrisch/pneumatisch/hydraulisch geschaltete Differenzialsperren für beide Achsen und Verteilergetriebe. Luxuriöse Pkw-Innenausstattung und modifizierte Karosserieanbauteile (Außenspiegel elektrisch, Kühlerfront in Wagenfarbe, andere Stoßstangen, etc.) sind optische Unterscheidungsmerkmale.

Das Baumuster W 463 neu (Baujahre ab 2000) ist weitgehend identisch mit dem W 463, besitzt aber nun eine elektrisch zuschaltbare Untersetzung.

Die neue Version des Baumusters W 461 (Baujahre ab 2001), auch „Green Line“ oder „Worker“ genannt, ist im Prinzip der bekannte W 461, aber mit permanentem Allrad und elektrisch zuschaltbarer Untersetzung (vollsynchronisiertes Verteilergetriebe mit Mitteldifferenzial), elektrisch/pneumatisch/hydraulisch geschalteten Differenzialsperren für beide Achsen und Verteilergetriebe. Der neue W 461 wurde von 2001 bis 2006 als G 270 CDI für Behörden angeboten, ab 2007 ist er als G 320 CDI erhältlich.

Da der G durch seine relativ geringe Produktionsstückzahl von 5000 bis 8000 Exemplaren pro Jahr bei Mercedes-Benz ein extremes Nischenmodell ist, haben viele Werkstätten (leider auch viele Mercedes-Benz Partner) wenig Erfahrung im Umgang mit diesem je nach Modellvariante sehr komplizierten Fahrzeug. Aber gerade bei Geländewagen sind gute Wartung und Pflege für ein langes Autoleben extrem wichtig, und das Leben eines Mercedes / Puch G ist in der Regel sehr lang, denn er ist für die Ewigkeit konstruiert und gebaut.

Damit die Freude am eigenen Fahrzeug nicht durch „vermurkste“ Eigen-Reparaturen getrübt wird, soll dieses Buch auch dazu beitragen, Fehler zu vermeiden. Wir haben versucht, einige wichtige Arbeiten am G-Modell zu dokumentieren und dem G-Besitzer so einen Überblick über die Besonderheiten der Technik dieses Stuttgarter Geländewagens zu vermitteln.

Dieses Buch ist in 11 Abschnitte unterteilt, wovon jeder einzelne einen speziellen Technikbereich des Mercedes G behandelt. Der gut ausgerüstete und einschlägig vorgebildete Hobby-Mechaniker kann fast alle Projekte auf diesen Seiten innerhalb eines oder zweier Wochenenden abschließen.

Die meisten Projekte sind nach einer klaren Anleitung gegliedert. Schrittweise Arbeitsanleitungen teilen dem Leser mit, wie die Arbeit durchzuführen ist, welche Werkzeuge verwendet werden müssen und welche kostenintensiven Fehler zu vermeiden sind.

Während dieses Buch eine sinnvolle Anleitung dafür ist, welche Verbesserungen und Wartungsarbeiten am G durchgeführt werden müssen, kann es nicht das einzige Buch sein, dass der Leser für sein Fahrzeug anschafft. Schon allein die Seitenzahl begrenzt die in diesem Buch darstellbaren Informationen. Wenn der Leser wirklich vor hat, selber am G zu arbeiten, ist der Kauf sämtlicher Literatur zum Thema ratsam. Für diverse Diagramme, Schaltpläne und Tabellen sowie weitere Anweisungen für Reparaturen erweisen sich die Mercedes-Benz Werkstatthandbücher für die G-Klasse als äußerst hilfreich und informativ. Auf diese Quellen sollte man auf jeden Fall zurückgreifen können.

Neben dem im Impressum schon aufgeführten Hinweis zur Sicherheit, möchte ich an dieser Stelle noch mal explizit auf das Arbeiten am Mercedes-Benz Geländewagen eingehen. Sämtliche in diesem Buch beschriebenen Tätigkeiten erfordern ein gewisses Maß an fachlicher und handwerklicher Kompetenz und verlangen vom Leser die Ehrlichkeit, die eigenen Fähigkeiten richtig einzuschätzen. Wer sich überfordert fühlt oder nicht über das richtige Werkzeug verfügt, sollte eine Fach- oder Vertragswerkstatt aufsuchen und die anstehenden Arbeiten dort erledigen lassen.

Die Arbeitssicherheit ist stets zu beachten und die eigene körperliche Unversehrtheit steht immer an erster Stelle. Auch wenn nicht immer speziell darauf hingewiesen wird, so ist das Tragen einer Schutzbrille bei Schleif- und Fräsarbeiten und Arbeiten unter dem Fahrzeug selbstverständlich. Beim Aufbocken des Fahrzeugs ist stets dafür zu sorgen, dass der Wagen richtig gegen Abrutschen gesichert ist.

Alte Betriebsstoffe wie Altöl, Brems- und Kühlflüssigkeit sind fachgerecht zu entsorgen. Gleiches gilt für verschmutze Putzlappen und gebrauchte Reinigungsflüssigkeiten (Kaltreiniger).

Schlussendlich möchte ich mich bei allen bedanken, die zum Gelingen dieses Buches beigetragen haben. Insbesondere bei Herrn Dr. Hans Hehl, der mit seinen umfangreichen Reparaturtipps und seinen außergewöhnlichen Fotos dieses Buch zu einer einzigartigen Informationsquelle gemacht hat.

Viel Spaß beim Lesen und Schrauben

Jörg Sand

ERSTE SCHRITTE

Ersatzteil-CD und online (EPC)

Seit Ende 2006 gibt es das EPC-NET, also die Ersatzteildaten online übers Internet, die sonst auf der EPC-FP-DVD vorhanden waren. EPC steht für „Electronic Part Catalog“. Die Benutzungsgebühr für ein Jahr beträgt 15,- Euro zzgl. MwSt. (nur Kreditkartenzahlung ist möglich). Interessant sind die geänderten Ersatzteilnummern, die auf einer EPC-CD-Version natürlich nicht vorhanden sind. Auch die Suche bei mehreren Baumustern gleichzeitig ist online möglich.

Anmeldung und Registrierung (z.Zt. nur mit USt.-Id) erfolgt über einen Zugangscode, der per E-mail verschickt wird: http://workshop.aftersales.daimlerchrysler.com. Weitere Infos siehe Mercedes-Forum: http://forum.mercedes-benz-clubs.com

EPC installieren: Mercedes-Geländewagen, Baumuster (BM) 460/461/463

Ersatzteil-CD (EPC): Nr. COMP460015/COMP463015

Nr. 1922338572 oder COMP463023/ CDDB23, 463, 461, 460:

Preis: ca. 41,- Euro.

Da die EPC-CD beim ständigen Wechsel bald verkratzt ist und man keinen Ersatz bekommt, wären virtuelle Laufwerke als Programm sinnvoll, da dann die CD nicht mehr im Rechner sein muss. Es gibt die verschiedensten Programme im Internet gratis. Virtuelle Laufwerke sind praktisch und schnell.

Wenn die CD Kratzer aufweist, reflektiert sie das Laserlicht nicht mehr korrekt. Zum Polieren nimmt man Edelstahlreinigungsmilch (wie für die Edelstahlspüle oder Ceranfeld) und poliert die CD-Fläche/Kratzer von der Mitte nach außen, nicht kreisförmig! Es besteht eine über 50-prozentige Chance, dass sie wieder lesbar ist.

Die Installationsanleitung INSTALL.PDF ist auf der CD im Verzeichnis „INSTALL“ in Deutsch im Unterverzeichnis 0007 und in Englisch in 0009 enthalten.

Das Handbuch zur EPC findet sich nach der Installation auf Laufwerk C: unter C:\bhps\dbcp1\Docs\Deutsch.pdf als Datei für den Adobe Acrobat Reader.

Installation von CDDB23

Bei neueren EPC Compact (plus) ab 2003/2004 kann es massive Probleme geben, will man sie als „Image“ in einem virtuellen Laufwerk betreiben: Der CD-Kopierschutz erkennt im PC die Programme mit virtuellen Laufwerken bzw. die verwendeten virtuellen Laufwerke und startet dann nicht.

Man muss dann zusammen mit der Original-CD im Laufwerk das Image betreiben. Da geht der Sinn eines „Festplatten“-EPC natürlich verloren. Bleibt dann nur noch der Geschwindig-

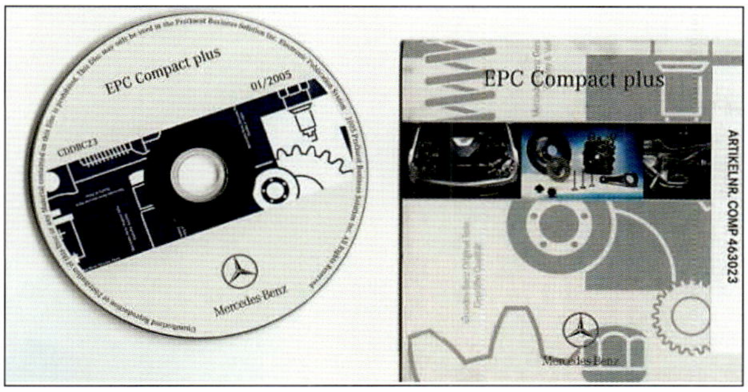

▲ *Wertvolle Hilfe für alle Hobbyschrauber: die EPC-CD*

keitsvorteil beim Arbeiten von der Festplatte. Das EPC Compact-Plus-Programm erkennt inzwischen, ob ein virtuelles Drive installiert ist (enthält eine Programm-Liste) und bricht mit dem Hinweis auf www.securom.com/emulation ab.
Auf der CD befindet sich eine Datei „DBCP.MAP" oder „DBCS.MAP" (je nach Version); diese enthält die Information über die auf der CD enthaltenen Baureihen:
[COMPONENTS] CS23=460*461*463*168*169 (oder CP15 = ...).
Zum Installieren benötigt man die jeweiligen Keys.
Beim Start der EPC werden die schon aufgerufenen Baumuster mit der Funktionstaste F3 angezeigt. Die Einträge sind in der Registry im Schlüssel HKEY_LOCAL_MACHINE, SOFTWARE, Daimler-Benz, DBPM, FIN abgelegt, die man nur hier löschen kann (nicht im EPC-Programm). Bearbeitet werden die Einträge mit dem Windows-Programm „REGEDIT", wobei eine Zeichenfolge als Eintrag möglich ist.
Hinweise zur Installation unter WIN 2000 findet man nach Registrierung auch dort: www.107sl-freunde.de/2
Sollte sich eine Software mit der Fehlermeldung, dass sie mit Windows XP nicht kompatibel sei, nicht installieren lassen, genügt es meist, wenn man in der Registry unter HKEY_LOCAL_MACHINE\Software\Microsoft\WindowsNT\CurrentVersion durch einen Doppelklick auf „ProductName" den Namen „Windows XP" in „Windows 2000" ändert. Nach erfolgreicher Installation sollte man diesen Wert wieder rückgängig machen (siehe auch unter www.heisig-it.de/tipps.htm, eine gute Sammlung von Windows XP-Tipps).
Was tun, wenn ein Programm, das für ältere Betriebssysteme (Windows 95-98-ME-NT) geschrieben wurde, unter Windows XP nicht läuft (Meldung: unknown OS (unbekanntes Operating System))? Man verwendet bei diesen neuen Betriebssystemen den Kompatibilitätsmodus.

Beispiel:
EPC-CD von 1999 unter XP-Prof installieren:
Rechner starten
[START] anklicken
[alle PROGRAMME] anklicken
[Zubehör] Ordner anklicken
[Programmkompatibilitäts-Assistent] anklicken (Fenster öffnet sich: Hilfe und Supportcenter)
Das Programm im CD-Laufwerk verwenden (anwählen)
Die CD (99er EPC-CD) ins Laufwerk einlegen
[weiter] im Fenster anklicken
Wählen Sie einen Kompatibilitätsmodus:
[Windows 98] anklicken
visuelle Designs deaktivieren
EPC-Installations-Fenster öffnet sich:
[weiter]-[weiter]...
Freischaltcode eintippen: [xyz] [9876543]
Jetzt sollte das Programm funktionieren.

◀ *Gegenüberliegende Seite:*
Ein 1986er W 460 im Geländeeinsatz

SPEZIALWERKZEUG

Spur-Lenkstangenabzieher für W 460/461/462

Zum Ausbau der Lenk- und Spurstange beim W 460 kann z. B. problemlos der Abzieher Nr. 779 von Hazet verwendet werden. Er kostet z.Zt. etwa 70,- Euro beim Autoteilecenter. Es gibt auch einen Reparatursatz für den Abzieher (779/3). Allerdings ist der Abscherbolzen nicht einzeln erhältlich, nur bei Einsendung des Abziehers zur Reparatur für 9,90 Euro. Preiswerter Ersatz des Scherstiftes: Zylinderpassstift, DIN 6325, gehärtet u. geschliffen, 8x33 mm, 0,70 Cent (z. B. bei Schrauben-Preisinger in München oder Fa. Wegertseder).

Eines sollte man nicht machen: mit dem Hammer auf den Gewindekopf der Spurstange schlagen. Er wird dadurch gestaucht, das Gewinde beschädigt und die Kegelfläche verändert. Wichtig: beim Zusammenbau hauchdünn fetten und falls Rost vorhanden war, vorher mit feinem Schleifpapier wieder glätten.

◀ *Dieser Lenk- und Spurstangenkopfabzieher (hier ein Bild vom Abzieher für den W 460) von Hazet ist notwendig für die Demontage der Lenk- und Spurstangenköpfe.*

◀ *Hier ist der Aufbau des Werkzeugs zu sehen (Spurstangenkopfabzieher zerlegt).*

Spur-Lenkstangenabzieher für W 463

Für die größere Lenk- und Spurstange des Typ 463 benötigt man den Abzieher 779-2. Er kostet ca. 100,- Euro inkl. MwSt. im Zubehörhandel. Man kann dann auf den kleineren Abzieher verzichten.

Spezialschlüssel für alle G-Modelle

Immer wieder gibt es Klagen, dass man an bestimmte Schrauben beim G fast nicht heran kommt, ohne andere Teile abzubauen. Meine Problemlösung besteht darin, mir die Schlüssel entsprechend zurecht zu biegen. Dies geht jedoch nicht kalt, da der Stahl dann bricht. Aber mit einer Gaslötlampe oder mit dem Schweißbrenner kann ein Ringschlüssel an der Biegestelle rot glühend erhitzt werden. Härte und Stabilität reichen nach dem Abkühlen noch immer aus. Mit der Zeit kommt so ein ganzes Sortiment zusammen.

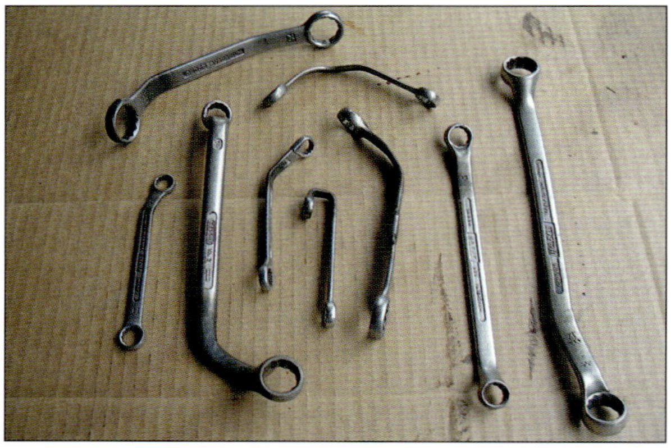

▲ *Auch für die unmöglichsten Stellen am G lassen sich die Schlüssel so biegen, dass es sich gut damit arbeiten lässt.*

▲ *Maulschlüssel mit leicht gekröpftem Ring am anderen Ende eignen sich vorzüglich für viele Arbeiten am Auto.*

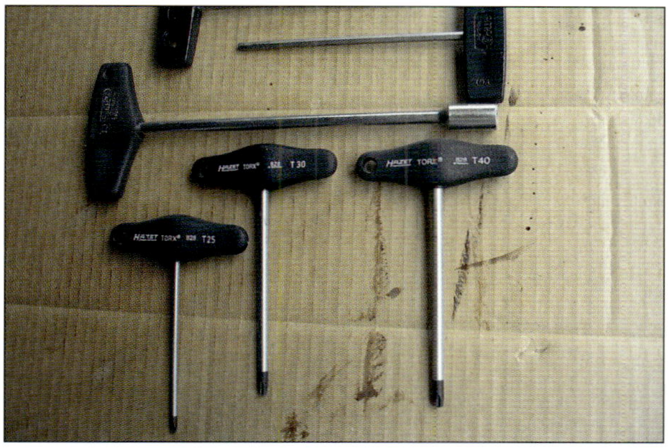

▲ *Diese T-Schraubendreher liegen besser in der Hand als einfache Schraubendreher.*

▲ *Diese Pressluftratsche ist sehr handlich und praktisch und ersetzt ihr mechanisches Pendant in vielen Bereichen. Voraussetzung für einen effektiven Einsatz ist ein vernünftiger Kompressor.*

Klauenschlüssel für die Radlagermuttern

Es gibt drei verschiedene Klauenschlüssel für die drei verschiedenen Nutmuttern:

▲ *Dieser selbst angefertigte Haltehebel für die Radnabe (hier an der W 460 Vorderachse) erleichtert die Montage, mit ihm kann das Mitdrehen beim Abschrauben verhindert werden.*

▲ *Dieser spezielle Nutmutternschlüssel ist für das Lösen und Anziehen der Vorderradlager erforderlich. Hier ist ein Schlüssel für den W 460 abgebildet.*

▲ *Mit diesen selbstgebauten Einpresswerkzeugen (aus alten Lagerschalen) lassen sich die Dichtringe an der Vorderachse des W 460 leicht eindrücken.*

W 460

Für die Radlagermutter (alte Ausführung) an der Vorderachse benötigt man einen speziellen Klauenschlüssel mit vier Zapfen. Diesen kauft man am besten bei Mercedes-Benz, denn oft ist das Werkzeug dort nicht teuer und qualitativ hochwertig.

Der Klauenschlüssel für die alten Nutmuttern beim W 460 hat die Best.Nr. W460589000700 – er kostet ca. 30,- Euro. Die Werkzeug-Nummern findet man nicht auf der EPC, jedoch in den Werkstatthandbüchern, im WIS (Werkstattinformationssystem) oder man kann bei Mercedes-Benz fragen!

Die alte W 460-Mutter ist beidseitig abgeschrägt:

Nutbreite 8,5 mm – Innendurchmesser 24,5 mm – Außendurchmesser 42,2 mm.

W 460 neu (ab Modell 1984)

Die jetzt erhältliche Nutmutter für den W 460 ist einseitig abgeschrägt, Nutbreite 6,5 mm – gleicher Innendurchmesser

24,5 mm – Außendurchmesser 40,0 mm. Der dazugehörige Klauenschlüssel hat die Best.Nr. W460589020700 und kostet ca. 70,- Euro.

W 463

Die Mutter für den W 463 ist ebenfalls einseitig abgeschrägt, Zapfenbreite 6,5 mm – Innendurchmesser 28,5 mm – Außendurchmesser 44 mm. Der Klauenschlüssel ist dreimal so teuer (Best.Nr. W463589000700 – kostet ca.100,- Euro).

Stecknuss für Einspritzdüsen W 460 Diesel

Für die Einspritzdüsen gibt es einen speziellen Einsatz, eine verlängerte 27er Stecknuss, entweder von Hazet, Best.Nr. 4555N, oder von DC, Best.Nr. W001589650900, kostet ca. 17,- Euro.

▲ *Vielzahnschlüssel für Einspritzdüsen*

Bremsenschlüssel für W 460

Für die Bremsleitungen gibt es von Hazet oder Gedore spezielle Schlüssel, die besser geeignet sind als Gabelschlüssel. Der große Schlüssel passt auf den Sechskant (17er) am Bremsschlauch, der kleine auf die Bremsleitungsmutter. (Weitere Hinweise siehe Bremsen)

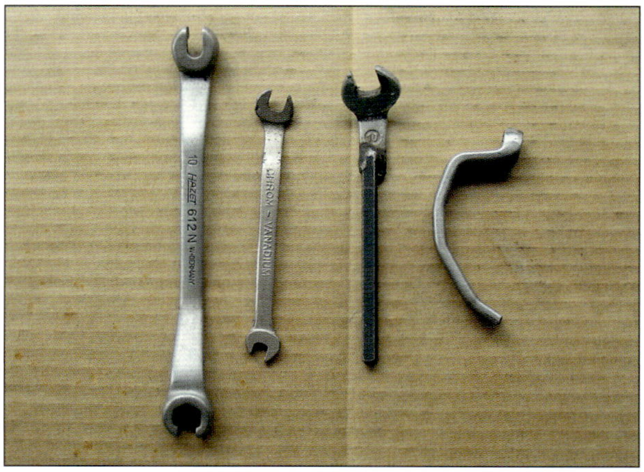

▲ *Bremsleitungsschlüssel*

Steckeinsätze für die Bremssattel-Schrauben

Für die beiden Schrauben kann man eine 19er Stecknuss kürzen. Gut sind verschiedene Längen. Ebenso ist für die untere Schraube ein Hebelringschlüssel nützlich, an dem eine Verlängerung angesetzt werden kann.

Spezifikationen der Sicherungsschraube (obere Schraube): Festigkeit 10.9, M14 x 1,5 – Anzugs-Drehmoment: 190-220 Nm – Best.Nr. A4609900101 – ca. 3,- Euro.

Spezifikationen der Pass-Schraube (untere Schraube): Festigkeit 10.9, M16 x 1,5 – Anzugs-Drehmoment 250-280 Nm, Best.Nr. A4604210271 – kostet ca. 6,- Euro.

▲ *Bremssattelnuss verkürzt*

Innenvielzahn-Steckeinsatz für die Zylinderkopfschrauben am W 460

Für die Zylinderkopfschrauben des W 460 (M12) benötigt man einen langen Innenvielzahn-Steckeinsatz, z. B. von Hazet, Best.Nr. 990, M12 SLg, oder von Mercedes-Benz, Best.Nr. W 617589001000, ca. 16,- Euro.

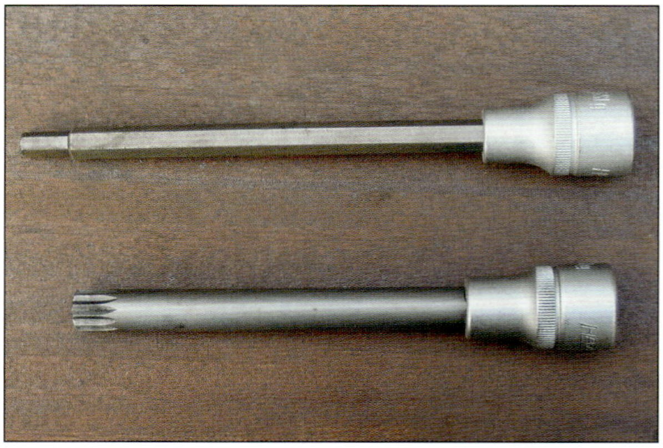

▲ *Innenvielzahn-Steckeinsatz für die Zylinderkopfschrauben am W 460*

Innensechskant-Steckeinsatz für die Zylinderkopfschrauben am W 460

Für zwei der vier M8-Inbusschrauben wird ein 6 mm langer Innensechskant-Inbus-Einsatz benötigt, z. B. von Hazet, Best. Nr. 986, 6SLg. Ein Magnetisieren des Werkzeugs (mehrmaliges Entlangstreichen mit einem Magneten) empfiehlt sich, dann bleiben die Schrauben am Einsatz hängen.

Ventil-Einstellschlüssel

Vorteilhaft sind die Spezialschlüssel von Hazet oder Mercedes-Benz. Benötigt werden zwei gebogene Einstellschlüssel, 14 mm, von Hazet, Best.Nr. 2769, oder Mercedes-Benz, Best.Nr. W615589000100, sowie ein Festhalteschlüssel, 30 mm, Hazet Best.Nr. 2769-3, oder Mercedes-Benz Best.Nr. W615589000300. Manchmal sind die Schlüssel im Autoteilecenter übrigens billiger zu haben.

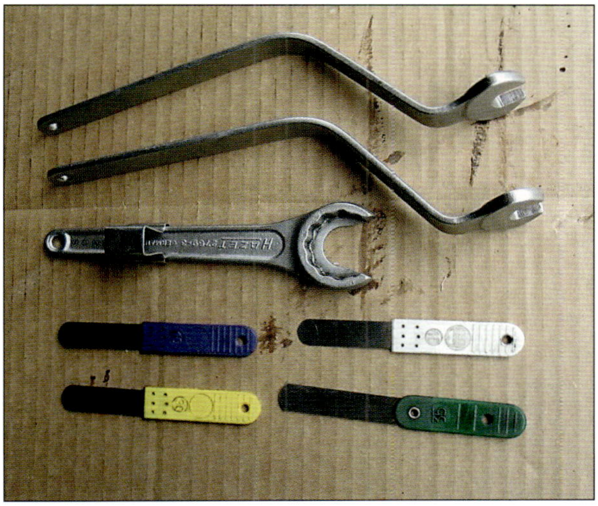

▲ *Ventileinstellschlüssel mit Einstelllehren*

Nutmutter-Schlüssel Hinterachswelle

Der Schlüssel Best.Nr. W460589010700 für die Nutmutter am W 460 kostet ca. 40,- Euro, aber der Selbstbau reizt. Zwei Punkte erscheinen dabei wichtig: Erstens muss die selber gebaute Ausführung stärker ausgelegt sein, da kein Werkzeugstahl zur Verfügung steht, und zum Zweiten muss er entsprechend gehärtet/angelassen werden. Der Griff besteht aus 10 mm starkem Material, ebenso der Ring. Die Nut am Griff ist aus dem Vollen gefeilt, die obere Nut eingesetzt.

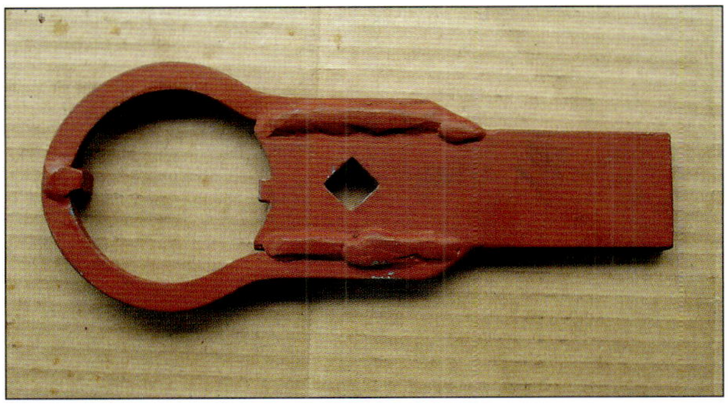

▲ *Nutmutterschlüssel*

Abzieher Radlager Hinterachswelle

Manchmal benötigt man hier einen speziellen Abzieher, z. B. von Snap-on, Best.Nr. CJ951.

Abzieher Scheibenwischerarm

Die Scheibenwischerarme sitzen oft recht fest auf der Kerbverzahnung der Scheibenwischerachse. Mit einem kleinen Abzieher kann man sie problemlos ablösen. Er wird auch beim inneren Gestänge der Scheibenwischerachsen benötigt.

Innenabzieher Kegelrollenlager am Achsschenkel

Die äußere Lagerschale kann man mit einem Dorn aus dem Achsgehäuse heraustreiben oder mit einem Innenabzieher, z. B. von Nexus, ausziehen. Mit der Sechskantschraube wird der Abzieher gespreizt, bis er unter der Lagerschale festsitzt. Mit einem Gegenstück oder mit einem Schlagauszieher zieht man die alte Lagerschale heraus.

„Unmögliche" Schrauben (Sicherheitsschrauben)

Manche Entwickler wollen nicht, dass man ihre Konstruktion zerlegen und reparieren kann. Sie schützen ihr Gerät mit unmöglichen Kopfformen der Schrauben. Aber auch dagegen gibt es ein probates Mittelchen – zahlreiche verschiedene Steckeinsätze!

▲ *Auch für noch so außergewöhnliche Torxschrauben gibt es die passenden Steckeinsätze.*

▲ *Der Schlagauszieher trägt zur Entlastung des Bastlers und zur Beschleunigung der Arbeit bei.*

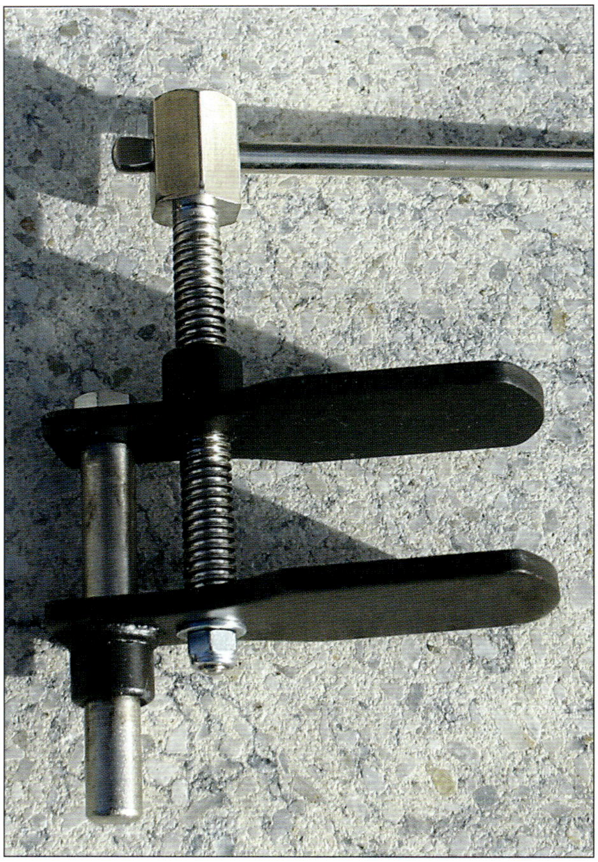

▲ *Spezialwerkzeug für das Zurückdrücken der Bremskolben*

Schlagauszieher

Einen Schlagauszieher, z. B. für Bremsklötze, kann man auch selber bauen. Walzen aus Fertigungsstraßen oder Bierkastentransportrollen findet man im Schrott. Das Rohr mit 5 mm Wandstärke kann je nach Bedarf verschieden lang sein. An beiden Enden wird ein Deckel aufgeschweißt und durchbohrt. Eine 10 mm lange Eisenstange erhält an einem Ende einen Anschlag. Vorne ist ein T-Stück mit zwei M 8-Gewinden angeschweißt, an die man die verschiedensten Adapter anbauen kann. Oft genügt aber auch eine Kante des T-Stücks.

Schlauchklemmen

Zum Abklemmen kleinerer Schläuche (z. B. Benzinschlauch) gibt es bei Mercedes-Benz zwei verschieden große Schlauchklemmen, Best.Nr. W000589403700 (klein: ca. 6,- Euro) und W000589543700 (groß: ca. 9,- Euro)

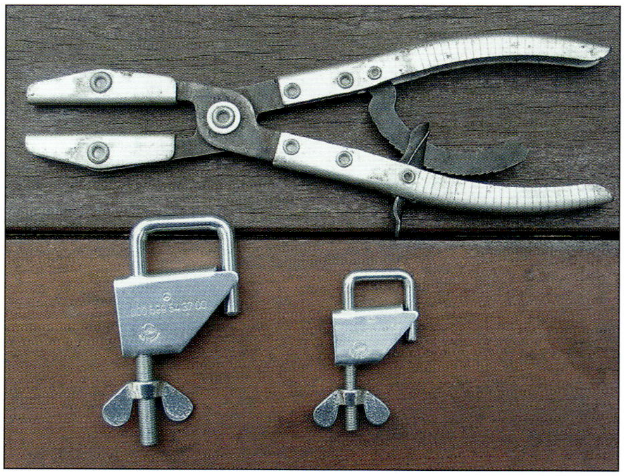

▲ *Diese Schlauchklemmen oder die Klemmzange eignen sich um Leitungen für die Dauer einer Reparatur abzuklemmen.*

Bremskolben zurück drücken

Die Bremskolben der Scheibenbremse sollte man nicht mit dem Schraubendreher zurück drücken. Von Mercedes-Benz und Hazet gibt es hierzu passende Werkzeuge. Aber so etwas kann man sich auch leicht selber bauen: einen kleinen Hebel aus einem Rund- und einem Flacheisen. Abmessungen: Rundeisen 1,2 x 23 cm; Flacheisen: 10 x 3 x 0,5 cm.

Das flache Teil wird zwischen Bremsscheibe und Bremskolben geschoben und dann mit dem Stiel seitlich gekippt. Damit wird der Bremskolben parallel zurückgeschoben und verkantet nicht. Manchmal muss man einen Holzklotz dazwischen klemmen, etwa beim W 463 (Bremse hinten).

Montagehilfe für die Räder

Die Räder bei allen G-Modellen haben ein beachtliches Gewicht, besonders mit Stahlfelgen. Um sie anzuschrauben, muss man sie immer etwas anheben. Um sich die mühsame Montage zu erleichtern, kann man sich eine Montagehilfe bauen, wie sie als Aluminiumstift im Bordwerkzeug von Pkw enthalten ist. Dazu besorgt man sich eine Ersatzschraube für Stahlfelgen. Mit der Säge oder mit der Flex schneidet man den Kopf ab. Das Gewindeteil wird an ein etwa 20 cm langes, 12 mm dickes Rundeisen geschweißt. Das erledigt jede freundliche Werkstatt so nebenbei, wenn man es nicht selber machen kann.

Zur Radmontage schraubt man die Montagehilfe anstelle einer Radschraube ein, hebt das Rad hoch und schiebt es mit einem Schraubloch über den Zapfen, bis es an der Felge liegt. Nun kann das Rad – ganz ohne Rückenprobleme – befestigt werden. Auch für voluminösere Alufelgen ist der Stift gut verwendbar.

▲ *Nicht nur beim Radwechsel eine große Hilfe: der Pressluftschlagschrauber. Ein leistungsfähiger Kompressor (Preis im Fachhandel ab ca. 400,- Euro) ist allerdings Voraussetzung für effektives Arbeiten.*

ABSCHNITT EINS

GRUNDLAGEN DER PFLEGE

Das Mercedes-Benz G-Modell ist im Unterhalt aufwändig und teuer, aber bei regelmäßiger Pflege bleibt es seinem Besitzer ewig erhalten. Der G ist kein „Einwegauto", das nach 6 bis 8 Jahren Dienst einfach „entsorgt" wird. Ein gut gepflegter G verrichtet auch nach 25 Jahren klaglos seinen Dienst im Alltag, dafür ist er auch konzipiert. Außerdem erzielt ein gut gepflegter G fast unglaubliche Preise auf dem Gebrauchtwagenmarkt. Es gibt also viele Gründe, den G gut und ordentlich zu pflegen. Da sich die G-Klasse in vielen Details von „normalen" Autos unterscheidet, gibt es auch bei der Pflege einige Besonderheiten zu beachten. Tipps für die Fahrzeugreinigung nach Geländefahrten, die Kontrolle und Überprüfung problematischer Bereiche am G sowie einen ausführlichen Ratgeber zum Thema Reifen finden Sie auf den folgenden Seiten.

Kontrolle der Kühlmittel und Betriebsstoffe

Auf die selbstverständliche regelmäßige Kontrolle von Motoröl, Kühlwasser und Bremsflüssigkeit wollen wir hier nicht näher eingehen.

Getriebeöl kontrollieren

Die Einfüllschraube entfernen und den Getriebeölstand mit dem Finger überprüfen. Fehlt Öl, muss aufgefüllt werden. Finden sich Metallspäne im Öl, dieses wechseln und gegebenenfalls Getriebe auf Beschädigung überprüfen. Darauf achten, dass das neue Öl den Qualitätsansprüchen von Mercedes-Benz entspricht. Getriebeöl bewegt sich innerhalb eines geschlossenen Systems; ein Getriebe verbraucht normalerweise kein Öl. Fehlt dennoch welches, ist das Getriebe auf mögliche Undichtigkeiten zu überprüfen.

▲ *Mangelnde Schmierung und überaltertes Öl können zu kapitalen Schäden führen, wie in diesem Fall bei einem Differenzialgetriebe eines W 460.*

Automatikgetriebe

Die Kontrolle des Automatikgetriebeöls muss bei laufendem Motor erfolgen. Der Ölstand sollte mindestens einmal pro Monat oder alle 2000 Kilometer (je nach dem, was früher eintritt) geprüft werden. Den Ölmessstab herausziehen und sauber abwischen, den Messstab wieder einschieben und erneut herausziehen. Das Öl sollte bei waagerecht stehendem Fahrzeug in der Mitte zwischen den Markierungen (Max und Min) liegen. Der Unterschied zwischen den Markierungen beträgt 0,5 Liter. Ist der Ölstand an der unteren Markierung oder darunter angelangt, Öl nachfüllen. Darauf achten, dass die obere Markierung nicht überschritten wird. Öl nur bei waagerecht stehendem Fahrzeug nachfüllen!

Darauf achten, dass das neue Öl (ATF) den Qualitätsspezifikationen von Mercedes-Benz entspricht. Ein Automatikgetriebe verfügt über einen geschlossenen Schmierstoffkreislauf, es verbraucht normalerweise nahezu kein Öl; solange nicht wesentlich mehr als ein Liter auf 10.000 Kilometer nachgefüllt werden muss, besteht kein Anlass zur Sorge.

Verteilergetriebe

Die Einfüllschraube entfernen und den Verteilergetriebeölstand mit dem Finger überprüfen. Fehlt Öl, ist dieses aufzufüllen. Sind Metallspäne im Öl zu erkennen, ist dieses zu wechseln und gegebenenfalls das Verteilergetriebe auf Beschädigung zu überprüfen. Wie stets darauf achten, dass das neue Öl den Qualitätsansprüchen von Mercedes-Benz entspricht. Auch das Getriebe verfügt über einen geschlossenen Schmiermittelkreislauf und verbraucht normalerweise kein Öl. Ist dennoch Verbrauch feststellbar, Getriebe auf Undichtigkeiten prüfen.

Differenzialöle kontrollieren

An den Differenzialen befinden sich Inbusschrauben zum Öffnen des Einfüllgangs.

Bei geöffnetem Einfüllgang kann die Sauberkeit des Öls mit dem Finger überprüft werden. Das Differenzialöl sollte schwebstofffrei (kein Sand, Schlamm oder Metallabrieb) und einwandfrei flüssig sein. Bei defekten Abdichtringen gelangt übrigens auch Fett ins Differenzial. Falls Öl nachgefüllt werden muss, die gesamte Achse nach Undichtigkeiten untersuchen.

Ölstandskontrolle Servolenkung

Der Behälter der Servolenkung befindet sich beim W 460 im Motorraum vorne links oben. Der Deckel ist mit einer Flügelmutter gesichert. Im nicht eingeschlagenen Zustand muss das Öl der Servolenkung bis zum Rand stehen. Bei der Servolenkung handelt es sich ebenfalls um ein geschlossenes System. Wenn Öl fehlt, liegt eine Undichtigkeit vor.

Korrosions-Prophylaxe

Kontrolle Karosserie

Gerade die frühen Baujahre der G-Klasse leiden sehr stark unter Rostbefall. Um dem vorzubeugen, ist eine regelmäßige Kontrolle der Karosseriehohlräume notwendig. Diese muss mindestens einmal im Jahr erfolgen, dabei sollte gleichzeitig, wenn notwendig, die Hohlraumversiegelung nachgebessert werden.

Die empfindlichste Stelle sind jene Hohlräume, in denen die Rücklichter sitzen. Letztere müssen herausgenommen und die Hohlräume auf Trockenheit und Sauberkeit überprüft werden. Danach die Versiegelung des Hohlraums prüfen, diese muss

Oben links: Motorölablassschraube vom 300 GE. Der Motoröl- und Filterwechsel erfolgt alle 10.000 km oder bei neueren Fahrzeugen nach Wartungsanzeige.

Oben rechts: Ablassschraube am Automatikgetriebe (300 GE). Am Automatikgetriebe ist ein Öl- und Filterwechsel alle 60.000 km vorgesehen oder nach Wartungsanzeige (bei neueren Fahrzeugen). Dabei sollte man immer darauf achten, dass eine Ölsorte (ATF) verwendet wird, die der Spezifikation von Mercedes-Benz entspricht.

Mitte links: Ablassschraube am VG 150. Der Ölwechsel am Verteilergetriebe sollte alle 120.000 Kilometer erfolgen, eine Ölstandskontrolle alle 20.000 km.

Unten links: Ablassschraube am Vorderachsdifferenzial (W 463). Der Wechselintervall für das Differenzialöl liegt bei 80.000 km, eine Kontrolle erfolgt alle 20.000 km.

Oben links: Einfüll- und (Inbus-)Kontrollschraube am Vorderachsdifferenzial (W 463). Das Differenzialgehäuse vor der Kontrolle außen säubern, damit kein Schmutz ins Innere gelangt. Der Ölstand wird mit dem Finger kontrolliert: Bei korrekter Füllmenge steht das Öl knapp unterhalb der Öffnung.

Oben rechts: Einfüll- und Kontrollschraube am Verteilergetriebe (VG 150). Das VG 150 kostet 3500,- Euro (im Austausch) – da lohnt sich regelmäßige Ölkontrolle!

▲ Bei den W 463/W 461 ist anstatt einer Flügelmutter eine gummierte Mutter als Verschluss auf dem Ölbehälter der Servolenkung.

▲ Dieser Behälter ist neu verbaut und noch nicht befüllt, im Normalfall sollte das Öl bis kurz unter dem Rand stehen.

▲ Auf dem Schwimmer ist der vorgegebene Ölstand mit „Min/Max" gekennzeichnet.

▲ *Die große Schwachstelle an der Karosserie: Häufig durchgerostet ist das Heckblech um die Schlussleuchten.*

▲ *Zur Kontrolle des Karosseriezustandes kann die Heckleuchte ausgebaut werden (vier Schrauben unter der Streuscheibe).*

sehr dick bis in die Ecken auch im oberen Bereich verteilt sein; wenn Lücken vorhanden sind, unbedingt nachbessern. Die Stopfen an den Türrahmen entfernen und dort Hohlraumkonservierung einfüllen.

Die häufigsten Roststellen beim W 460 sind die Unterkante der Hecktüre, die Heckbleche um die Rückleuchten, die Schweller unter den vorderen Türen, Frontscheibenrahmen und Stoßdämpferaufnahme hinten; beim W 463 sind es die Stoßdämpferaufnahme hinten, die Unterkante der Hecktüre, der Ansatz des Heckblechs am Seitenblech unten, und der Ansatz des Frontblechs unter dem Frontscheibenrahmen.

Reinigung nach Geländeeinsatz

Die Reinigung sollte möglichst unmittelbar nach der Geländefahrt erfolgen, doch bevor der Geländewagen in die Waschanlage gefahren wird, muss er erst sorgfältig mit einem Hochdruckreiniger vorbehandelt werden. Nach dem Abduschen der Karosserie von oben nach unten zunächst die Räder und Stoßstangen gründlich säubern, ebenso die Radkästen von innen (besonders beim W 460), die Innenseiten der Räder (Bremse) und die Zwischenräume der Felgen, dann Stoßdämpfer und

▲ *Ist die Schlussleuchte (hier W 463) ausgebaut, lässt sich der Zustand des Bleches darunter leicht erkennen.*

▲ *Die Feststellbremse hier beim W 463: Die Trommel innerhalb der Bremsscheibe hinten (geöffnet) sollte nach Schlammdurchfahrten regelmäßig abgenommen und gereinigt werden.*

▲ *Hier ist das Konservierungswachs ab Werk (leider nicht überall vorhanden) zu sehen. Eine nachträgliche Konservierung sollte an dieser Stelle auf jeden Fall vorgenommen werden!*

▲ *Die Feststellbremse an der Hinterachse des W 460 offen und gereinigt.*

Federn, Achsen, Unterfahrschutz und die Schweller von unten; nach grobem Geländeeinsatz zusätzlich den Kühler vorsichtig (damit die Waben nicht verbiegen) von innen, den Motor und die Aggregate zwischen dem Rahmen (Getriebe) von unten reinigen, ferner die Hohlräume in den Rahmenrohren, Federaufnahmen und die Achslängslenker. Wenn möglich Fahrzeug auf der Hebebühne mit Hochdruckreiniger von unten säubern und die Räder zum Reinigen abmontieren. Nach langen Schlammdurchfahrten die Trommelbremsen öffnen und von innen reinigen. Wichtig: auch die Stoßdämpferaufnahmen hinten säubern.

Fahrzeugcheck nach dem Geländeeinsatz

Überprüfung auf Schäden

Der erste Blick nach der Geländefahrt gilt den Rädern. Reifen und Felgen nehmen am häufigsten Schaden im Gelände. Direkt nach der Geländefahrt vorsichtig einen Bremstest durchführen. Die Unterseite des Fahrzeugs auf Schäden und Kratzer untersuchen und gegebenenfalls beschädigten Unterbodenschutz ausbessern.

Steht das Lenkrad noch gerade? Wenn nicht, die Lenk- und die Spurstange auf Verbiegungen überprüfen. Nach tiefen Wasser- oder Schlammdurchfahrten den Luftfilter öffnen und nachsehen, ob Wasser oder Schlamm eingedrungen sind und den Lüfter auf Beschädigungen untersuchen.

Nach längeren Fahrten im Staub den Luftfilter ausblasen (mit Lufthochdruck).

Nach Fahrten durch Waldgebiete das Fahrwerk auf verkantete Holzstücke und Äste absuchen.

Sobald das Fahrzeug wieder auf der Straße fährt, auf ungewöhnlich Geräusche achten.

Überprüfung der Fahrzeugfunktionen

Die Differenzialsperren sollten alle drei Monate geprüft werden. Dazu werden diese geschaltet und das Fahrzeug wird langsam in Schlangenlinien bewegt (nicht auf einer befestigten Straße!). Dabei müssen die Kontrollleuchten der Sperren aufleuchten.

Die Antriebsgelenke werden durch enge Kurvenfahrten mit zugeschaltetem Allradantrieb geprüft. Wenn beim W 460/461 Knackgeräusche hörbar werden, sind wahrscheinlich die Antriebsgelenke der vorderen Antriebswelle defekt.

Zur Überprüfung der einwandfreien Funktionstüchtigkeit des Getriebes sollten folgende Fragen mit „Ja" beantwortet werden können: Lassen sich alle Gänge leicht schalten und bleiben sie drin, wenn die Kupplung unter Last schnell kommt? Sind Getriebe und Verteilergetriebe bei plötzlichem Beschleunigen

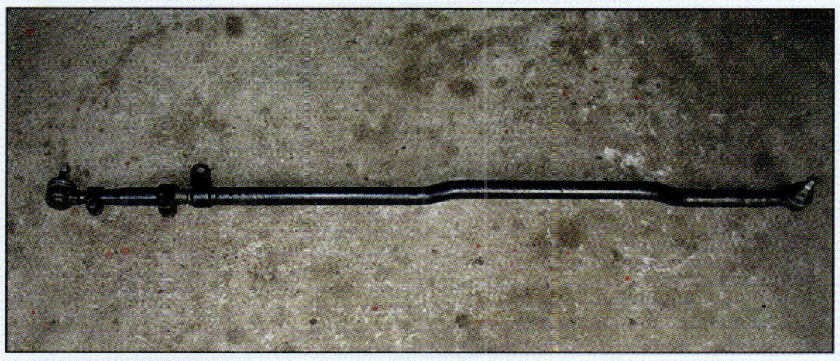

▲ *So sollte die Spurstange auch nach Geländefahrten noch aussehen (gerade).*

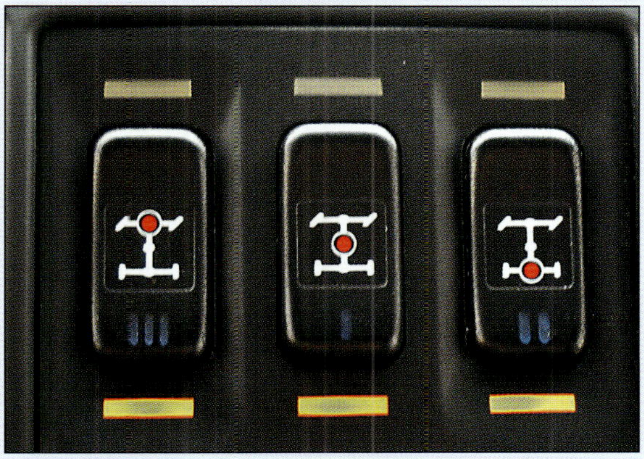

▲ *Beim W 463 werden die Sperren Elektrisch-hydraulisch-pneumatisch geschaltet (Schalterfeld Differenzialsperren).*

und Abbremsen ruckfrei? Schaltet die Automatik ruckfrei und setzt der Wandler die Drehzahl schnell in Vortrieb um?

Bei Prüfungen am Motor sollte dieser in jedem Fall so lange gefahren werden, bis er richtig warm ist, um das Kühlsystem zu testen. Ist der Kühler dicht, verbraucht der Motor Wasser? Beim Bremstest sollte das Fahrzeug gerade in der Spur bleiben und nicht nach einer Seite ziehen.

Abschmieren des Fahrwerks

Das G-Modell ist von Haus aus auf eine sehr lange Lebensdauer ausgelegt. Um diese auch zu erreichen, sollten alle Schmierstellen regelmäßig gefettet werden. Dazu gibt es vom Werk einen Schmierplan, den leider nicht einmal viele Werkstätten kennen. Kardanwellen, Differenziale, Radlager, Achsgelenke etc. halten naturgemäß am längsten, wenn sie ausreichend geschmiert laufen. Hier lassen sich mit richtiger Wartung teure Reparaturkosten sparen. Im Zweifel lieber einmal zuviel schmieren als später zu reparieren (dabei aber nur ganz wenig Fett in die Schiebestücke der Gelenkwellen/Kardanwellen pressen!).

Kleines Räder-1x1

Beim G wurde vom Hersteller eine Vielzahl von Rädern verschiedenster Größen verbaut. Weiter unten geben wir einen kurzen Überblick darüber.
Die Tachos der neueren W 463 ab Baujahr 1997 lassen sich auf vier Radgrößen programmieren (bei geringen Abweichungen von Reifenhersteller zu Reifenhersteller). Beim W 460/461/462 und für ältere W 463 werden von Mercedes-Benz für unterschiedliche Reifendimensionen Adapterwinkeltriebe für den Tachoantrieb angeboten.
Bei der Kalibrierung auf unterschiedliche Radgrößen der neuen G-Modelle ab Baujahr 1997 (mit elektronischem Tacho) ist zu beachten, dass entgegen der Meinung vieler G-Fahrer mittels COMAND nur die Kalibrierung des Navigationssystems erfolgt. Der Tacho und die zur Sicherheit des Fahrzeugs notwendigen elektronischen Hilfen (ABS, ESP, 4ETS) können nur beim Mercedes-Benz Service mit der Stardiagnose auf die neue Radgröße kalibriert werden.

32 Zoll (81 cm) Radhöhe und 245 cm Abrollumfang ist die von Mercedes-Benz vorgesehene Maximalgröße; die entsprechenden Reifendimensionen sind:

- 32 x 11,5 x 15
- 235/85-16
- 7.50 x R16
- 265/75-16
- 275/70-16
- 265/70-17
- 265/70-18
- 305/50-20
- 325/40-22
- 305/35-24

31 Zoll (79 cm) Radhöhe und 235 cm Abrollumfang; diese Radhöhe ist überwiegend serienmäßig verbaut worden, die entsprechenden Reifengrößen sind:

- 31 x 10,5 x 15
- 255/75-15
- 7.50 x R16
- 245/75-16
- 265/70-16

▲ *Profiltiefe testen: Der Euro-Test ist eine einfache Möglichkeit den Zustand der Reifen zu prüfen.*

▶ *Die Reifengröße 235/85-16 (wie abgebildet) an diesem Rallye G entspricht 32 Zoll (Radhöhe).*

- 265/60-18
- 285/60-18
- 285/55-18
- 305/45-20
- 305/40-22

30 Zoll (76 cm) Radhöhe und 225 cm Abrollumfang; diese Radhöhe ist oft beim W 460 und beim militärischen W 461 zu finden, die entsprechenden Reifendimensionen sind:

- 30 x 9,5 x 15
- 205/80 R16
- 225/75/16
- 235/70-15
- 255/70-15
- 235/70-16
- 245/70-16
- 255/65-16
- 235/65-17
- 255/60-17
- 275/55-17
- 265/60-18
- 255/55-18
- 285/50-18
- 265/60-20
- 275/45-20
- 295/45-20

Die Größe 33 Zoll oder 85 cm Radhöhe passt in vielen Fällen auch noch ohne Höherlegung auf den G. Die Zulassung ist jedoch weitaus schwieriger. Auch ist eine Anpassung der neueren W 463-Tachos auf diese Größe nicht möglich. Die entsprechenden Größen sind:

- 33 x 12,5 x 15
- 255/85-16
- 285/75-16
- 305/70-16
- 285/65-18
- 325/60-18
- 355/50-20
- 305/30-26

Die Größe 35 Zoll oder 89 cm Radhöhe passt nicht ohne Fahrwerkshöherlegung oder Bodylift auf den G. Eine Zulassung ist sehr schwierig. Auch hier ist eine Anpassung der neueren W 463-Tachos nicht möglich. Die entsprechenden Größen sind:

- 35 x 12,5 x 15
- 280/85-16
- 35 x 12,5 x 18

◀ *Die 225/75-16 Bereifung an diesem „Wolf" entspricht 30 Zoll Radhöhe.*

Schneeketten für den G

Der Einsatz von Ketten erfolgt gewerblich beispielsweise im Holzeinschlag, wo stets Ketten auch im Sommer zum Einsatz kommen. Schneeketten in für den G tauglichen Größen sind nicht billig (etwa 450,- bis 500,- Euro je Paar). Zudem gibt es nur noch Schnellmontageketten mit Bügel. Diese werden beim G nicht benötigt, da viel Platz zwischen Rad und Kotflügel vorhanden ist. Außerdem sind die Ketten meistens zu schwach dimensioniert. Schneeketten mit Greifstegen aus Bundeswehrbeständen sind viel billiger (je Paar bis zu 170,- Euro bei Abholung), aber genauso gut und haben eine Hakenmontage. Es gibt sie in vielen Größen, z. B. für 265/70 R16 (Markenfabrikate wie Erlau, RUD und Thiele) oder MT/R, 31 x 10.5 R 15 bei

Fa. Westenthanner GmbH
Am Hubfeld 14
84155 Aich, Gemeinde Bodenkirchen
Tel.: 08741/6520, www.schneeketten.com

Die Schneeketten aus Bundeswehrbeständen sind zumeist lange gelagert, aber nie benutzt worden und haben daher an manchen Stellen Oxidationsflecken und kleinere Roststellen. Diese lassen sich mit Rostumwandler, z. B. Epoxy Brunox, behandeln. Einsprühen mit Öl verhindert weitere Korrosion.

Montage mit Aufziehkette

Bei großen und schweren Ketten und bei sehr grobem Profil empfiehlt es sich, die Ketten mit Hilfe einer Aufziehkette aufzuziehen. Eine Aufziehkette ist eine zum Ring geschlossene Kette, die schräg über die obere Hälfte des Reifens gelegt wird. Die Schneekette wird dann an der Aufziehkette befestigt. Bei langsamem Fahren (1 Radumdrehung) zieht es die Kette dann auf den Reifen. Dazu braucht man meistens eine Hilfskraft und einen waagerechten Untergrund.

Beim Winterreifen 265/60 R18 mit feinem Lamellenprofil ist die Aufziehkette ungeeignet. Sie schleift auf der Radinnenseite an dem ABS-Sensor und den Bremsleitungen und lässt sich nur schwer unter der Kette herausziehen.

Montage ohne Aufziehkette

Die hier gezeigte Kette für den G 270 CDI (von Fa. Westenthanner bezogen) wurde von RUD 1977 hergestellt (Nr. 2540-12-166-4702 7.00-16). Ersatzteile gibt es bei RUD.
Als Erstes den Schneekettenhaufen zu entwirren, dauert am längsten. Vor den Rädern die Ketten seitenrichtig so auslegen,

▲ *Traktion auf jedem widrigen Untergrund mit fertig montierten Schneeketten auf einem W 463 mit 265/70-16 Bereifung*

▲ *Zunächst die Kette seitenrichtig auslegen und darauf fahren.*

▲ *Das Fahrzeug mittig auf Kette abstellen, dann montieren und im hinteren Teil des Radhauses die Kette veschließen.*

▲ Montierte Kette beim W 463

▲ Deutlich auf den Gliedern guter Ketten zu sehen, die Greifstege für ideale Traktion.

▲ Nur harmlose Roststellen ...

▲ Mühselige Arbeit, vor dem Montieren erst entwirren und sortieren.

▲ ... bei den unbenutzten Schneeketten aus alten Bundeswehrdepotbeständen.

▲ Am besten die Ketten sortiert und geölt (Korrosion) lagern dann gibt's im nächsten Jahr weniger Arbeit.

▲▼ *So nicht! Diese Kette ist zu groß und beschädigt die Alufelge!*

dass die größeren Stegseiten der Kettenglieder am Boden aufliegen und die Spannkette zur Wagenaußenseite zeigt. Dann liegen auch die Krallen der Seitenglieder nicht am Reifen auf. Anschließend nicht zu weit auf die Kette fahren, sonst wird es schwierig, die Kettenmitte und die Enden einzuhaken. Ketten rechts und links vom Reifen hochheben und einhaken sowie die Spannkette anbringen. Kontrollieren, dass die Kette keine Achsteile berühren kann und nicht verdreht eingehakt ist. Einige Meter fahren und die Spannketten nachspannen. Die Spannketten so anbringen, dass die Alufelgen nicht zerkratzt werden.

Montage bei 18-Zoll-Rädern

Beim G 55 AMG werden besonders kräftige Ketten für den Winterreifen 265/60 R18 (Dunlop Winter Sport) benötigt. Es gibt bei der Fa. Westenthanner die Kette 10-R-22,5 mit Greifstegen und 7 mm starken Mittelkettengliedern (4 Stück: 348,- Euro inkl. MwSt.). Diese Bundeswehrkette (RUD, www.rud.de) hat die Nummer 2540-12-164-1476, Fertigungsjahr 8/1988, und wird von der Fa. Westenthanner angepasst. Der Mittelverschluss der Mittelkette wird mit so genannten C-Gliedern geschlossen (siehe BW-Anleitung). Die Seitenketten sind 6 mm stark. Diese Kette entspricht der handelsüblichen RUD-profi Supergreifsteg-Kette, die es aber für das Reifenformat 265/60 R18 im Handel nicht gibt.

Probemontage: Die Innenkettenanordnung am Reifen ist richtig, wenn am Vorderrad bei aufgebocktem G ausreichender Freiraum zu den Achsteilen vorhanden ist. Die innere Seitenkette ist um vier Kettenglieder gekürzt, bei der äußeren genügt ein Kettenglied nach dem Seitenhaken.

Es zeigte sich dennoch, dass die äußere Seitenkette zu lang ist. Die Spannkette kann die Alufelge beschädigen, ansonsten liegt die Kette aber optimal an der Lauffläche auf. An der Außenseite wurden deshalb zusätzlich für die Spannkette fünf Ringösen (aus 5 mm starkem V2A-Rundstab gebogen) eingesetzt, die abwechselnd mit den originalen Ringösen angeordnet sind. Nun passt die Kette. Eventuell kann man noch die längeren äußeren Seitenkettenteile verkürzen.

Als Alternative ist die Verwendung eines Spannbügels möglich, der auf den Reifen geschoben wird. Die Kette wird seitenrichtig an den Bügel eingehängt und beim langsamen Vorwärtsfahren zieht sich die Kette auf den Reifen.

Sehr einfach ist die Kettenmontage, wenn das Rad mit dem Wagenheber angehoben wird. Nun kann die Kette bei gleichzeitigem Drehen des Rades in korrekter Lage montiert werden.

Gelände und Ketteneinsatz

Generell gilt: Man muss immer eine Hand zwischen Kette und Reifen schieben können. Die Spannkette darf also nicht zu eng gezogen werden – die Kette muss auf jeden Fall auf dem Reifen wandern können.

Je schwerer das Gelände ist (und ebenfalls bei Tiefschnee), desto mehr muss die Kette gelockert werden. Schneeketten sind für eine kurze Geländefahrt sehr umständlich gerade dann, wenn zwischendurch wieder auf befestigten Wegen gefahren werden soll, wo die Ketten wieder demontiert werden müssen. Sollte man aber zum Beispiel einen ganzen Tag ausschließlich auf nassen schweren Böden im Wald unterwegs sein, lohnt sich die Montage, die dann natürlich tunlichst vor dem Festfahren geschehen sollte, denn eine nachträgliche Montage ist in diesem Fall wahrscheinlich nicht mehr so einfach zu bewerkstelligen.

Grundsätzlich ist es auch möglich, mittels vier Aufziehketten die Ketten beim langsamen Vorwärtsrollen auf alle Räder zu ziehen. In diesem Fall sollte man aber vier Beobachter zur Hand haben, damit nicht eine Kette abrutscht und ABS, Bremsleitungen etc. beschädigt.

Laut Handbuch beträgt die zulässige Höchstgeschwindigkeit 50 km/h auf schneebedeckter Straße. Auf steinigen Bergwegen kann dies allerdings noch bei weitem zu schnell sein! Beim G 270 CDI kann das ESP beim Fahren mit Schneeketten übrigens abgeschaltet werden. Die Praxis zeigt, dass zwei oder sogar vier Schneeketten am Fahrzeug im Gelände zumeist besser funktionieren als eine Seilwinde. So bleibt man nicht mehr stecken – es sei denn, der Rahmen sitzt auf; dann handelt es sich aber in der Regel um einen Fahrfehler. Die Holzarbeiter in den Bergen haben jedenfalls immer ihre Ketten montiert, trotz Seilwinde.

Die alte Frage: Soll man die Ketten vorn oder hinten montieren? Bergab sollten sie immer hinten montiert sein, sonst bricht das Heck aus. Generell besser sind natürlich vier Ketten. Und ganz wichtig: Bei modernen Fahrzeugen mit ETS und ESP sollten stets vier Ketten montiert sein, damit von den Radsensoren gleiche Werte geliefert werden. Bei nur zwei Ketten muss das Mitteldifferenzial zum Schlupfausgleich gesperrt werden; dann sind aber auch ESP, BAS und ABS abgeschaltet.

Ersatzteile

Leider gibt es seit Juni 2006 die Kettenersatzteile bei der Fa. RUD nur noch in Verpackungseinheiten ab 30-40 Stück, wobei sich auch die Ersatzteilnummern geändert haben. Verschlussteile sind jedoch noch einzeln erhältlich.

- 30 Ersatzglieder 7 mm (Spurkette): Best.Nr. 9299490 – ca. 20,- Euro
- 1 Mittelverschluss 7 mm: Best.Nr. 18742 – ca. 18,- Euro
- 40 Seitenhaken 6 mm: Best.Nr. 9299496
- 40 Ersatzglieder 6 x 18 mm (Seitenkette): Best.Nr. 9299489

Montagefilme von RUD

Auf der RUD-Website gibt es ausgezeichnete Videofilme über die Kettenmontage mit und ohne Aufziehkette. Download mit rechter Maustaste bzw. VLC-Player verwenden und URL kopieren:
http://www.rud.de/de/01_schneeketten/01.02_montagesysteme/lkw-montage-mit-aufziehkette.wmv
http://www.rud.de/de/01_schneeketten/01.02_montagesysteme/lkw-montage-ohne-aufziehkette.wmv

▲ *So sieht eine perfekt sitzende Kette aus.*

▲▼ *Diese Ersatzkettenglieder sind leider nur noch in größeren Mengen bestellbar.*

ABSCHNITT ZWEI

GRUNDLAGEN DER WARTUNG

Regelmäßige Wartung des Geländewagens ist nicht nur aus Gründen des Werterhalts notwendig, sondern bewahrt auch vor unliebsamen (weil extrem teuren und garantiert zum unglücklichsten Zeitpunkt auftretenden) Reparaturen an den Aggregaten des G. Die von Mercedes-Benz vorgeschriebenen Wartungsintervalle sollten also in jedem Fall eingehalten werden. Bei überdurchschnittlicher Beanspruchung (Geländefahrten!) müssen die Wartungsintervalle verkürzt werden. In der Regel zählt jeder Kilometer im Gelände mindestens doppelt so viel wie ein Straßenkilometer. Selbst wenn Sie Ihr Fahrzeug in eine Werkstatt zur Wartung geben, sollten Sie darauf achten, dass diese auch qualifiziert ist, Arbeiten an einem G durchzuführen. Diese Anforderung erfüllt noch lange nicht jede Werkstatt, und selbst bei Mercedes-Benz Vertragswerkstätten gibt es Unterschiede. Viele Werkstattmeister kennen nicht einmal alle Schmier- und Problemstellen an dem Stuttgarter Geländewagen. Werkstätten und Niederlassungen, die relativ viele G-Fahrzeuge in der Kundschaft haben, sind generell besser auf die Bedürfnisse dieser Modellreihe eingestellt. Ein gepflegtes Scheckheft verrät dem Gebrauchtwagenkäufer viel über die Pflege des Vorbesitzers.

Anheben des Fahrzeugs mit dem Wagenheber

Fast alle G-Modelle zeigen an der Karosserieunterseite hässliche Verformungen, die von falsch angesetzten Wagenhebern stammen. In Werkstätten, die sonst nur Pkw reparieren, werden die Wagenheber oder Hebebühnenarme fatalerweise oft wie bei einem Pkw unter den Karosserieholmen angesetzt. Beim Anheben verformen sich dann die Abschlussstege der Karosse. Wenn Sie einen G in die Werkstatt bringen oder ihn selbst anheben, achten Sie unbedingt darauf, dass der Wagenheber unter dem Rahmen angesetzt wird.

Der Hi-Lift oder einer seiner zahlreichen Verwandten ist oft ein alternatives robustes Hebegerät. Aber wo setzt man ihn an, ohne etwas zu beschädigen? Beim neuen W 463 gibt es das Kupplungsmaul in der vorderen Stoßstange nicht mehr und die hintere Stoßstange besteht aus Kunststoff. Für den W 460 mit dem Kupplungsmaul in der Stoßstange kann man sich einen Adapter bauen. Ein Rohrabschnitt entsprechender Größe wird auf ein abgeschrägtes Winkeleisen und daran ein kräftiges U-Profil geschweißt. Daran stützt sich der Hi-Lift ab.

Trotzdem: Auf keinen Fall vergessen, den G von unten zusätzlich mit Unterstellböcken abzustützen. An der hinteren Stoßstange hat der G keine Maulkupplung, bei den massiven Stahlstoßstangen des W 460/W 461 kann eine Nylon-Schlinge (als Zubehör für den Hi-Lift erhältlich) umgelegt werden. Durch diese geht dann der Wagenheber und zieht damit das Fahrzeug hoch. Die Halterungen der Stoßstange und die Schrauben sind kräftig genug. Man kann auch den „Hi-Lift Jack-Bumper" verwenden, eine mit einer kurzen Kette versehene kräftige Klaue. Aber beim W 463/270 CDI bestehen die hinteren Stoßstangen aus GFK, daher verbietet sich bei diesen Modellen ein solches Vorgehen.

Beim W 463 kann aber die Schlinge auch um die Anhängerkupplung geschlungen werden, diese ist auf jeden Fall stabil genug, um das Fahrzeug daran hochzuziehen. Auf jeden Fall muss das Fahrzeug beim Aufbocken mit dem Hi-Lift aber zusätzlich gesichert werden!

Bei Mercedes-Benz gab es früher Adapter für die Rahmenquerrohre, die man relativ einfach nachbauen kann. Mit diesen Adaptern kann man den G (W 460) bequem auf Unterstellböcke stellen. Die Adapter kann man aus einem 3 mm starken Rohr mit 60 mm Außendurchmesser herstellen. Die 45°-Schrägung ermöglicht das Einsetzen in die Öffnungen der Rahmenquerrohre. Vorne werden zwei kurze Adapter (jeweils 15 cm lang) und hinten zwei von je 30 cm Länge verwendet. Als Auflage

◀ *Hi-Lift Mehrzweckwagenheber mit selbstgebautem Stahladapter für die Kuppelmaulstoßstange des G-Modells (bis Baujahr 1998 erhältlich).*

◀ *Der Hi-Lift ist ein sehr nützliches „Multitool", das zum Bergen und Reparieren des Geländewagens eingesetzt werden kann. Er ist aber kein vollwertiger Werkstattwagenheber, wie zum Beispiel ein hydraulischer Rangierwagenheber.*

◀ *Der Hi-Lift eignet sich ausgezeichnet auch für den Federwechsel (Anheben zum Federnausbau).*

▲ *Bis zum Baujahr 1984 befand sich der bordeigene Wagenheber unter der Haube links im Motorraum, danach wanderte er unter den Beifahrersitz.*

▲ *Beim Anheben mit dem Rangierwagenheber sollten zusätzliche Sicherheitsmaßnahmen getroffen werden (hier Absicherung durch Unterstellbock).*

▲ *Eine einfache Sicherung beim Rangierwagenheber ist dieser stabile Holzklotz*

wird je ein Stück Flacheisen (40 x 8 mm) an die längere Seite des Rohres geschweißt.

Ölfilterwechsel

Die Kombiölfiltereinsätze von Knecht oder MANN (Best.Nr. 1055/1) bestehen aus einem Hauptstromfaltenfilter und einem Nebenstromfeinfilter. Von den zwei in der Packung beiliegenden Gummiringen wird der dickere im Deckel verwendet.
Das Motoröl gelangt (von der Ölpumpe) über einen Kanal in den Filter. Das Umgehungsventil öffnet, wenn am Filter ein Differenzdruck von 3,5 bar überschritten wird. Ein weiterer Kanal führt zum Hauptölkanal im Motor. Im Ölfiltergehäuse des OM 617.931 sitzt ein Thermostat (nur in kaltem Zustand ausbauen!), der bei etwa 90 bis 100 °C Öltemperatur den Kühlkreislauf am Ölkühler öffnet. Am Filtergehäuse sitzt der Öldruckwarnschalter.
Bei einem neuen Motor wird ein Erstbetriebsfilter (ohne Nebenstromfilter) bis zu einer Laufleistung von etwa 1000 km verwendet. Es erübrigen sich also zusätzliche Feinfilter; der Ölfiltertausch ist nur bei jedem 2. Ölwechsel notwendig (beim W 460 nur alle 15.000 km, Frühjahrswechsel mit HD 30, Herbstwechsel mit HD 10 oder Mehrbereichsöl 10W-40, beim Mehrbereichsöl verbraucht der Motor aber mehr Öl!).

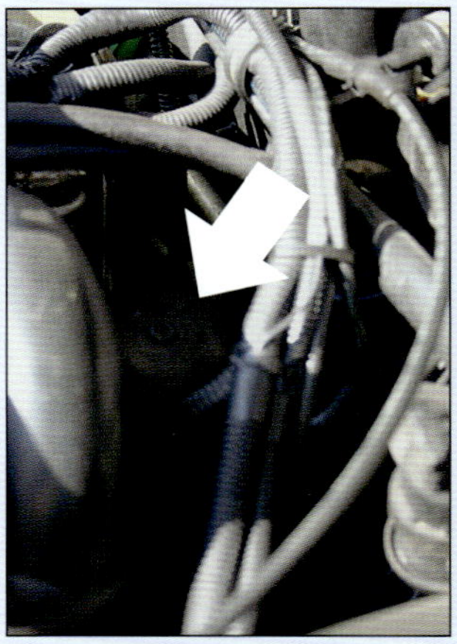

▲ *Bei einigen G-Modellen wie hier beim G 320 ist der Ölfilter sehr versteckt untergebracht. Bei den Reihenmotoren sitzt er in Fahrtrichtung links unten am Motorblock kurz vor der Karosseriespritzwand.*

▲ *Der Ölfilter am 290 GD Turbo. Zum Lösen des Kunststoffdeckels empfiehlt sich ein spezieller Filterschlüssel.*

▲ *Beim Ölfiltergehäuse im 240 GD müssen zunächst die beiden Befestigungsmuttern (Pfeil) des Deckels gelöst werden. Nach Abnahme des Deckels wird die Filterpatrone nach oben herausgezogen.*

Austausch des Keilriemens

Dieses Projekt beschreiben wir am Beispiel des W 460. Die Keilriemen werden an den Triebwerken mittels verstellbarer Schrauben gespannt. An der Lichtmaschine kann beispielsweise die Verstellschraube gelöst werden, nachdem die Befestigungsschrauben der Lichtmaschine vorher gelockert wurden. Löst man dann die Verstellschraube, kann der Keilriemen abgenommen werden. Beim Aufziehen eines neuen Keilriemens die Lichtmaschine mit der Hand oder einem Brecheisen auf Spannung halten und die verstellbare Schraube anziehen, bis der Keilriemen stramm sitzt; dann die Befestigungsschrauben der Lichtmaschine festziehen.

Luftfilterwechsel

Den Luftfilter, etwa bei der Baureihe W 460 (z. B. Knecht AG171, MANN C15127), sollte man je nach Staubanfall von innen nach außen ausblasen und mindestens alle 30.000 km ersetzen. Bekommt man 10% Rabatt bei Mercedes-Benz (wie z. B. als G-Club-Mitglied!), sind die Preise fast wie im Zubehörhandel. Ein Austausch ist immer dann notwendig, wenn bei der Abgasuntersuchung die Werte zu schlecht werden. Nebenbei fällt auch die Motorleistung ab.

▲ *Bei den Modellen der W 460er Baureihe sind die Luftfilter zylindrisch, wobei der des 280 GE größer ist als jene der anderen Motoren.*

▼ *Der Luftfilterkasten sitzt bei den meisten G-Modellen (wie hier beim G 320) im Motorraum in Fahrtrichtung rechts. Ausnahmen sind die Achtzylinder (Pfeil), wo er über dem Motor sitzt. Eine unterdruckgesteuerte Anzeige, ähnlich wie die bei einem Staubsauger, zeigt bei laufendem Motor den Verschmutzungsgrad des Filters an.*

▲ *Bei geöffnetem Deckel ist der Filtereinsatz zu sehen. Dieser kann jetzt ausgetauscht oder mit Druckluft gereinigt werden.*

▲ *Die Luftfilterdeckel sind rundum mit Clips gesichert. Die Klammern müssen alle vorsichtig gelöst werden, bevor der Deckel abgenommen werden kann.*

▲ *Die zylindrischen Luftfilter der W 460er Baureihe besitzen ebenfalls eine von außen ablesbare Verschmutzungsanzeige für den Luftfiltereinsatz.*

Eine Alternative zum Serienfilter kann auch ein Sportluftfilter sein. Dieser lässt mehr Luft als die Serienfilter aus Papier durch, die Leistungsausbeute ist dadurch etwas höher. Zudem sind Sportluftfilter langlebiger, da sie nicht getauscht, sondern bei Bedarf nur gesäubert werden müssen. Die Firma K&N bietet für alle G-Modelle außer 280 GE und 320 GE Sportluftfilter an. Beim Einsatz in Wüstengebieten kann auch ein zusätzlicher Zyklonfilter mit Staubabscheider nachgerüstet werden. Der schwarze Kunststoffeinsatz im Filtergehäuse des G-Modells versetzt die angesaugte Luft im Inneren in eine Drehbewegung, um Wasser abzuscheiden.

Austausch der Kraftstofffilter (W 460 Diesel)

Ursache für einen Leistungsabfall unter Volllast kann ein verstopfter Kraftstofffilter sein. Der Kraftstofffilter ist durch eine große Hohlschraube (SW 22) mit Dichtring befestigt. Beim Wechsel des Kraftstoff-Hauptfilters (z.B. Knecht AWK110) empfiehlt es sich, diesen mit gereinigtem Diesel nur über die seitlichen Löcher zu füllen (damit Filterung!) und vor dem Starten mit der Handförderpumpe an der Einspritzpumpe vorzupumpen, da sonst das Entlüften sehr lange dauert. Dies ist beim Betrieb mit Pflanzenöl (statt Diesel) besonders wichtig, da die Zündfähigkeit von Pflanzenöl ohnehin geringer ist als die von Diesel. Unbedingt extrem sauber arbeiten, da sonst die Einspritzpumpe Probleme bekommt. Die ursprüngliche Handpumpe wird durch Drehen des Handpumpenknopfes nach links entriegelt. Nach dem Pumpen wird er durch Eindrücken und nach rechts Drehen wieder verriegelt.

Wenn man den alten Kraftstofffilter durchsägt, erkennt man, dass es sich um einen Papier-Faltenfilter von Mercedes/Knecht handelt! Der Filtereinsatz wird von einer Feder im Topfboden an das Gewinde gedrückt. Das Filterpapier war schwarz vom Betrieb mit Rapsöl, das wesentlich zähflüssiger ist als Diesel.

Den Kraftstofffilter gibt es auch im Zubehörhandel, z.B. von MANN, Best.Nr. WK716, G-Club-Mitglieder bekommen wiederum 10% Rabatt bei Mercedes-Benz!

Kraftstoff-Vorfilter am W 460

Vor der Handförderpumpe und dem Kraftstoffhauptfilter befindet sich ein Vorfilter (A 001 477 66 01). Der Pfeil kennzeichnet die Durchflussrichtung. Durch den transparenten Kunststoffvorfilter erkennt man eine Verunreinigung leicht. Beim Tausch des Hauptfilters sollte auch immer der Vorfilter erneuert werden.

CDI Motoren

Bei CDI Dieselmotoren sollte wegen ihrer Probleme mit schlechtem Diesel, vor Fernreisen unbedingt ein Wasserabscheider nachgerüstet werden, sofern nicht schon vorhanden.

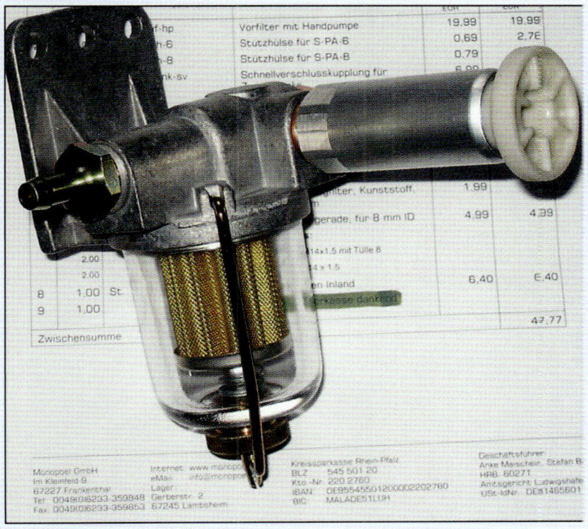

▲ *Dieser Diesel-Kraftstoffvorfilter ist speziell für Dieselfahrzeuge geeignet, die mit Pflanzenöl gefahren werden.*

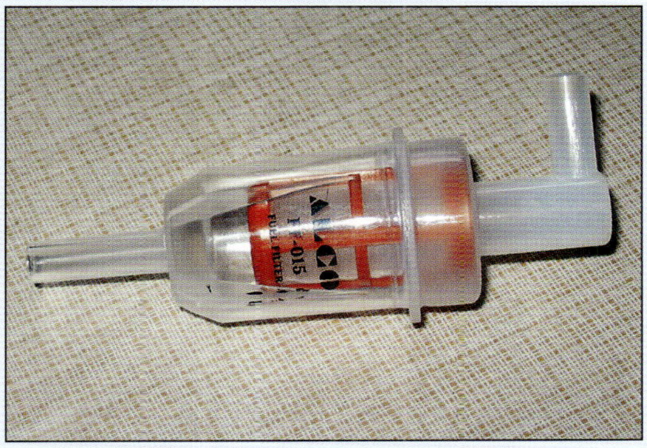

▲ *Der hier abgebildete Kraftstoffvorfilter wird einfach an die Kraftstoffleitung angeschlossen. Er befindet sich unmittelbar vor der Einspritzanlage. Bei dieser durchsichtigen Ausführung sind Verunreinigungen leicht zu erkennen.*

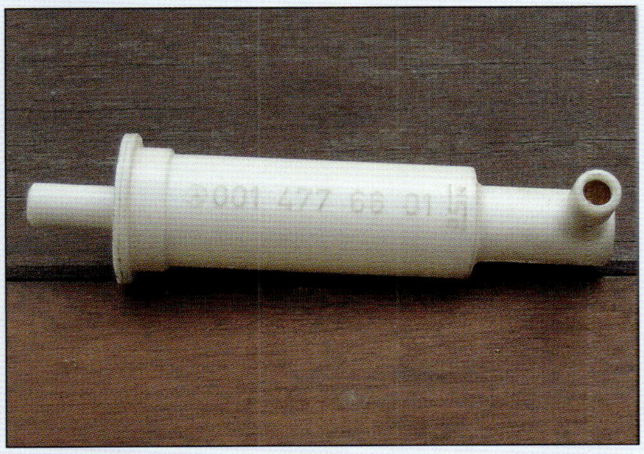

▲ *Original Mercedes-Benz Kraftstoffvorfilter in „blickdichter" Ausführung*

◀ *Zum Wechsel des Kraftstoff-Hauptfilters wird zuerst die große Hohlschraube (SW 22, M12x1,5) gelöst. Der neue Filter sollte vor dem Einbau bereits mit (sauberem) Diesel befüllt werden.*

ABSCHNITT DREI

MOTOR

Der Motor wird zu recht als „Herz" des Autos beschrieben, das ist auch beim G nicht anders. In der G-Klasse wurden immer Motoren aus den Mercedes-Benz Pkw- und Transporterbaureihen verbaut. In der Regel ist immer der stärkste Motor der Beste, weil er sich im schweren G weniger ins Zeug legen muss. Die Motoren im G werden wesentlich stärker beansprucht als die in den Pkw-Modellen verbauten Aggregate, das sollte bei ihrer Pflege und Wartung auch berücksichtigt werden. Unbedingt vermeiden sollte man Fahrten mit hoher Wasser- oder Öltemperatur.

▲ *Ein Motorwechsel – wie hier bei einem 280 GE (W 460) – ist immer eine größere Aktion und benötigt ausreichende Platzverhältnisse. Für diese aufwändige Arbeit ist es aber nicht zwingend notwendig, dass die Karosserie abgenommen werden muss.*

Ausbauen des Motors

Für den Ausbau des Motors sollten mindestens acht Stunden Arbeitszeit und ein Helfer eingeplant werden. Zudem ist ein hydraulischer Hublift oder Flaschenzug notwendig, um den Motor heraus zu heben. Hierbei sollte unbedingt ein Assistent zur Verfügung stehen, um ein sicheres Arbeiten zu gewährleisten.

Im Folgenden nun die Vorgehensweise am Beispiel des W 460 mit den Triebwerken OM 616 / OM 617 / OM 617A

- ➢ Motorhaube öffnen und hochklappen, dabei nicht die Arretierungsstange verwenden, sondern die Haube ganz öffnen und an die Dachkante anlegen. (Vor dem Ausbau des Motors empfiehlt sich übrigens eine gründliche Motorwäsche – das erleichtert die Arbeiten.)
- ➢ Schwarzes Batteriekabel (–) abklemmen. Es ist sehr wichtig, das Batteriemassekabel vor Beginn jeglicher Arbeiten in Sachen Motorausbau abzuklemmen, um gefährliche Kurzschlüsse zu vermeiden. Der Anlasser ist ständig mit der Batterie verbunden, so dass ein Ausbau des Motors bei angeschlossener Stromversorgung sowohl für Mensch als auch Maschine erhebliche Gefahren birgt.
- ➢ Kühlerverkleidung ausbauen
- ➢ Vorbauverstrebung mit Haubenverriegelung demontieren und Hupe abklemmen
- ➢ Unterfahrschutz abbauen, Kühlwasser ablassen
- ➢ Oberen und unteren Kühlwasserschlauch losschrauben und abziehen. Das Kühlmittel wird in einem Behältnis aufgefangen und muss gegebenenfalls in einem Fachbetrieb entsorgt werden.
- ➢ Kühler ausbauen
- ➢ Diesel-Vor- und Rücklaufleitungen abklemmen
- ➢ Unterdruckleitung zum Bremsgerät an der Unterdruckpumpe abschrauben und Ansaugschlauch zum Saugrohr abziehen
- ➢ Unterdruckleitung an der Unterdruckdose der Dieseleinspritzpumpe abziehen
- ➢ Kabel an der 4. bzw. 5. Glühkerze abschrauben
- ➢ Die Kabel an beiden Wassertemperaturfühlern abziehen
- ➢ Das Kabel des Öldruckgebers am Ölfiltergehäuse abklemmen
- ➢ Sämtliche Regulierungsstangen des Gasgestänges aushängen. Gasgestängehalter abschrauben, Leerlaufverstellung ausclipsen
- ➢ Ansaugschlauch am Luftfilter lösen und abziehen
- ➢ Lichtmaschine und Anlasser abklemmen
- ➢ Schlauchschellen lösen und Heizungsschläuche abnehmen
- ➢ Auspuffrohr und Auspuffkrümmer abschrauben
- ➢ Gelenkwelle am Getriebeflansch abschrauben; Gelenkwelle zur Seite legen und am Rahmen festbinden

▲ *Alle G-Modell-Motoren (hier ein nachgerüsteter OM 617A 300 Turbodiesel) sind mit einer leichten Neigung nach hinten eingebaut. Die V8-Motoren haben zusätzlich eine leichte Neigung nach rechts.*

▲ *Bei diesem 300 GE-Motor deutlich zu sehen: die spezielle Form der Ölwannen bei Triebwerken der G-Modelle. Bei Einbau eines Antriebsaggregates aus einem Mercedes-Pkw muss dieses Teil unbedingt umgerüstet werden.*

▲ *Als „Ersatzmotor" ein Pkw-Triebwerk zu verwenden, ist häufig eine preiswertere Alternative. Allerdings müssen in diesem Fall neben der Ölwanne auch die Ölpumpe, der Auspuffkrümmer und die Ansaugbrücke umgebaut werden.*

▲ *Alle Kühler (Wasser, Öl und Klima) und der Kühlergrill müssen zum Motorwechsel vollständig ausgebaut werden.*

- Sicherungen an den Schaltgestängen abnehmen und Schaltgestänge von den Schaltstangen abdrücken und aushängen
- Halter für Hydraulikleitung zum Nehmerzylinder am Getriebegehäuse abschrauben
- Nehmerzylinder der Kupplungsbetätigung vom Getriebegehäuse abschrauben und mit Schlauch und Leitung herausziehen, danach die Teile zur Seite legen. Dabei auf die Kunststoffzwischenscheibe am Flansch des Nehmerzylinders achten.
- Halter für Massekabel und Auspuffrohr am Getriebegehäuse abschrauben
- Befestigungsschrauben der Motorlager herausschrauben. Getriebe vom Motor abschrauben, wenn nur der Motor ausgebaut werden soll. Befestigungsschrauben aus dem Getriebelager herausschrauben, wenn Getriebe mit ausgebaut werden soll.
- Motor an der Aufhängeöse befestigen und mittels Kran nach vorn herausheben. Zum Absetzen des Motors eine geeignete Holzpalette vorbereiten, damit der Motor waagerecht steht.

Der Einbau erfolgt in umgekehrter Reihenfolge – bitte beachten Sie aber folgende Punkte:

- Heizungsventil öffnen
- Falls erforderlich, Kraftstoffanlage entlüften
- Motor laufen lassen und auf Dichtheit überprüfen
- Kühlsystem mit dem Prüfgerät abpressen

Arbeiten an der Kupplung

Die Kupplung wird hydraulisch mit normaler Bremsflüssigkeit DOT4 über einen Geber- und einen Nehmerzylinder betätigt. Die Hydraulikflüssigkeit sollte wie bei der Bremse alle zwei bis drei Jahre gewechselt werden.

Kupplungsspiel prüfen

Kupplungsverschleiß lässt sich nicht direkt erkennen. Grund: Der Anpressdruck der Druckplatte nimmt mit zunehmendem Belagverschleiß zu (die Kupplung rutscht nicht durch).

Bei den bis 1980 eingebauten Getrieben konnte indirekt am Nehmerzylinder mit einer Kontrolllehre (Nr. W 115 589 07 23 00 – 4,65 Euro inkl. MwSt.) der Abnützungsgrad ermittelt werden. Der Schlitz entfiel dann zugunsten der Abdichtung gegen Wasser. Die Kontrolllehre wird in die Nut der Kunststoffunterlage geschoben. Sind die Kerben der Lehre nicht mehr sichtbar, ist die Mitnehmerscheibe/Kupplungsscheibe in Ordnung. Bleiben die Kerben sichtbar, muss die Kupplungsscheibe erneuert werden. Die Kunststoffbeilage gibt es mit zwei Nummern:

- Nr. A 4602511680 – ca. 1,80 Euro
- Nr. A 1152510080 – ca. 1,20 Euro.

Wenn die Kupplung ausgetauscht wird, sollte auch gleich das Ausrücklager mit ausgewechselt werden (A0002505115 – ca. 40,- Euro). Das Kupplungspedal im G-Modell ist seit 1995 (W 463) bzw. 1997 (W 461) verschwunden. Seit diesen Modelljahren werden ausschließlich G-Fahrzeuge mit Automatikgetriebe gebaut.

Teileliste

- Kupplungsscheibe: A 009 250 23 03 – ca. 165,- Euro
- Druckplatte: A 003 250 91 04 80 – ca. 115,- Euro
- Ausrücklager: A 000 250 51 15 – ca. 40,- Euro
- Rillenlager: A 115 980 01 15 – ca. 25,- Euro
- Verschlussdeckel: A 189 031 00 33 – ca. 1,50 Euro

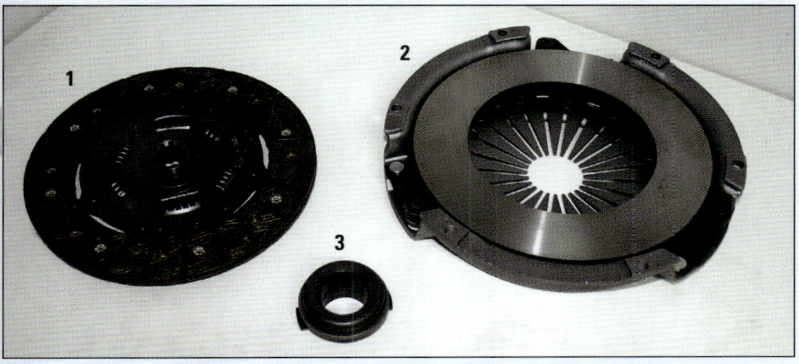

◀ *Komplettes Kupplungsset: Kupplungsscheibe (1) und Druckplatte (2) werden bevorzugt immer paarweise ersetzt. Bei dieser Gelegenheit sollte man auch ein weiteres Verschleißteil erneuern, nämlich das Drucklager (3). Ein defektes Drucklager macht im Leerlauf bei betätigter Kupplung durch Schleifgeräusche auf sich aufmerksam.*

◀ *Bevor das Getriebe ausgebaut werden kann, werden Kardanwellen und Anlasser abgebaut. Anschließend werden die 9 Getriebekranzschrauben an der Kupplungsglocke gelöst und das Getriebe mit einem Helfer herausgenommen, der schon vor dem Lösen der letzten Schraube das Getriebe gegenhält, damit es nicht unbeabsichtigt runterfällt. Achtung: Es kann vorkommen, dass sich das Getriebe nicht sofort beim ersten Versuch abnehmen lässt, sondern dass man durch vorsichtiges Rütteln das Getriebe erst vom Motor lösen muss.*

◀ *Nun werden die 6 Schrauben am Umfang der Druckplatte herausgeschraubt und die alte Kupplung kann fachgerecht entsorgt werden. Vorsicht beim Abnehmen der Druckplatte: Die Reibscheibe fällt bei dieser Gelegenheit gleich mit runter.*

▲ *Für eine korrekte Montage der neuen Kupplung benötigt man einen Führungsdorn oder eine alte Getriebeausgangswelle. Mit so einem Führungswerkzeug wird sichergestellt, dass die Verzahnung der Reibscheibe mittig sitzt. Das ist wichtig, damit die Getriebeausgangswelle beim Wiedereinbau des Getriebes auch genau in dieser Verzahnung sitzt.*

▲ *Vor dem Wiedereinbau des Getriebes empfiehlt sich eine gründliche Reinigung der Getriebeglockeninnenseite mit Kalt- oder Bremsenreiniger. Achtung: Nicht mit Druckluft ausblasen! So lassen sich eventuelle Beschädigungen oder Risse besser erkennen.*

Überholung der Kupplung

Nehmerzylinder

Ausbau: Wenn der Flüssigkeitsstand im Vorratsbehälter auf dem Geberzylinder der Kupplung immer mehr absinkt, muss meistens der Nehmerzylinder der Kupplung überholt werden. Dazu erst den Behälter entleeren, das Sieb lässt sich, schräg gestellt, herausdrehen. Einen Schlauch auf die Entlüftung am Nehmerzylinder stecken, öffnen (7-mm-Schlüssel) und die Bremsflüssigkeit ablassen (Bremsflüssigkeit sachgerecht entsorgen!). Die Leitung am Nehmerzylinder abschrauben (12 mm Schlüsselweite). Zwei Schrauben (13 mm), die den Zylinder halten, lösen. Auf die Kunststoffbeilage zwischen Getriebe und Nehmerzylinder achten.

Die Zahnscheibe mit einem Schraubendreher abhebeln und die Stange mit Gummibalg abnehmen. Im Zylinder steckt der Kolben mit der Druckfeder; diesen durch Aufklopfen herausholen oder mit wenig Druckluft herausschieben. Der Gummidichtring des alten Kolbens ist zumeist verhärtet. Von der Druckstange den Gummibalg abziehen, vorher eventuell das kleine Ringelchen abnehmen.

Einbau: Die Innenwand des Zylinders sollte völlig glatt sein. Eventuell vorhandenen Flugrost mit feinem Schmirgelpapier (Körnung 800 bis 1000) vorsichtig entfernen. Sind Rostriefen vorhanden, muss der ganze Zylinder erneuert werden. Mit etwas Bremskolbenpaste den Zylinder innen und den Kolben schmieren. Der Kolben hat bei neueren Modellen einen anderen Aufbau mit einer Spitze. Zuerst kommt die Feder, dann der Druckkolben mit der Spitze voran in den Zylinder. Den Kolben

▲ *Unter dem rechten Hydraulikbehälter ist der Kupplungsgeberzylinder zu erkennen, der vordere (linke) Hydraulikbehälter gehört zu den Differenzialsperren.*

▲ *Ein untrügerisches Anzeichen für einen undichten Geberzylinder sind Laufspuren von Bremsflüssigkeit unter dem Flansch (im eingebauten Zustand).*

vorsichtig gleichmäßig eindrücken, damit die Gummikante nicht beschädigt wird. Auf den neuen Gummibalg das Ringelchen aufschieben und auf die Druckstange schieben.
Nehmerzylinder in den Schraubstock einspannen, Gummibalg mit Druckstange einsetzen und die Zahnscheibe (Zähne zeigen nach oben) schräg auf einer Seite einsetzen und mit einem Schraubendreher auf der anderen Seite eindrücken (rundherum nachdrücken). Die richtige Einbaulage aller Teile ist im Bild rechts ersichtlich.
Jetzt kann der Nehmerzylinder wieder angeschraubt werden. Die Aussparung der Kunststoffbeilage muss dabei zur Getriebeglocke zeigen. Leitung anschrauben und den Vorratsbehälter mit neuer Bremsflüssigkeit befüllen. Das Entlüften geht am besten mit etwas Druckluft. Zusätzlich auch das Kupplungspedal betätigen, um Luft zu entfernen.
Die Manschette stammt wieder vom Hersteller FAG: Nr. H2336.
Der Nehmerzylinder hat ein Innenmaß von 23,8 mm.
Reparatursatz Nehmerzylinder: A 000 290 11 11 – ca. 25,- Euro
Neuteil Nehmerzylinder: A 000 295 76 07 – ca. 90,- Euro

Geberzylinder

Nach dem Abschrauben des Geberzylinders (FAG 31/S5267) wird der Drahtbügel vor der Scheibe (Bild rechts oben, Pfeil) mit einem spitzen Gegenstand aus der Nut gehoben und die große Scheibe abgenommen. Nun können die zwei Teile, die durch eine Messingscheibe getrennt sind, herausgeholt werden. Am besten geht dies mit etwas Druckluft (höchstens 1 bar!).
Der innere Teil besteht aus einer Feder, die am innersten Teil einen Gummipilz enthält. Am anderen Ende sitzt eine Gummikappe M190 4-18, daran die Messingscheibe. Der Druckkolben besitzt eine normale FAG-Manschette: H19300. Die Löcher im Druckkolben dürfen nicht verstopft sein. Der Gummifaltenbalg hat die selbe FAG-Nummer wie der Faltenbalg des Sperren-Geberzylinders: H1750.
Die Manschette muss lagerichtig so über den Kolben gezogen werden, dass die Bremsflüssigkeit beim Druckaufbau den Manschettenrand an die Zylinderwand andrücken kann!

Teileliste

- Geberzylinder: A 0012958006 – ca. 165,- Euro
- Reparatursatz: A 0002901912 – ca. 85,- Euro

Von FTE (www.fte.de) gibt es übrigens einen Reparatursatz ohne Feder für die Baureihe 460: 19,05 mm, RK 1963, ca. 25,- Euro

- Gummifaltenbalg (Manschette): A 0002954083 – ca. 6,- Euro
- Dichtring (Vorratsbehälter): N 007603022102 – ca. 1,- Euro

◀ *Nach Entfernen des Seegerrings kann der Nehmerzylinder problemlos demontiert werden. Auch hierbei gilt: Beachten Sie die Reihenfolge der Bauteile bei der Demontage. Eine kleine Digitalkamera leistet hier gute Dienste.*

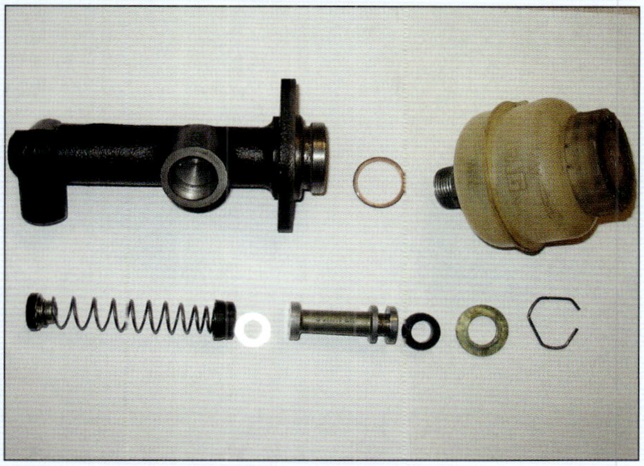

▲ *Die Bauteile eines Kupplungsnehmerzylinders (W 460). Für eine kostengünstige Instandsetzung werden Reparatursätze angeboten. Beim Zusammenbau muss unbedingt auf die richtige Reihenfolge der Teile geachtet werden.*
Achtung: Bei solchen Arbeiten auf einen sauberen und ordentlichen Arbeitsplatz achten!

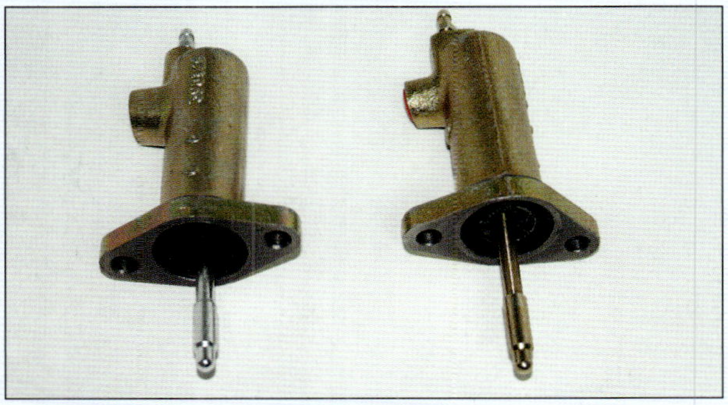

▲ *Wenn der Nehmerzylinder durch innere Korrosion zu stark beschädigt ist, hilft nur noch ein Neuteil. Die links gezeigte Ausführung ist für einen W 460 mit 4-Ganggetriebe, die rechte für ein 5-Ganggetriebe*

▲ Erster Schritt für eine gründliche Schadensanalyse: Abnehmen aller Anbauteile wie Ventildeckel, Ansaug- und Auspuffkrümmer sowie Hitzeschild. Anschließend erfolgt der Abbau des Zylinderkopfes.

▲ Die Ventilführungen können mit der Zeit erheblichen Verschleiß aufweisen. Auch die Ventilsitze sind auf Beschädigungen zu untersuchen. Bei Benzinmotoren ist Rissbildung im Bereich des Zündkerzenlochs und den Ventilöffnungen bzw. an den Übergängen zwischen den Brennräumen zwar selten, können aber in dieser Phase der Überprüfung sehr gut erkannt werden.

▲ Der Verschleiß an den oberen Wendepunkten der Kolben ist ein wichtiges Maß für den Gesamtzustand des Triebwerks. Ist hier eine Kante fühlbar, so ist der Gang zum Motorenbauer – sofern nicht ein Austauschtriebwerk eingebaut werden soll – dringend angeraten. Sicheren Aufschluss über den Verschleiß liefert eine Messuhr. Vor dem Zusammenbau muss die Dichtfläche für die Zylinderkopfdichtung gründlich gereinigt werden.

▲ Für ein bequemes und sicheres Arbeiten am ausgebauten Triebwerk erweist sich ein Motormontagebock (60.- bis 100.- Euro) als sehr hilfreich.

▲ Die Lager im Pleuelauge müssen ebenfalls geprüft werden. Lauf- und Fressspuren sind klare Anzeichen dafür, dass ein Austausch unumgänglich ist.

▲ Unabhängig von ihrem Zustand sollten bei einer Generalüberholung des Motors auch die unteren Pleuellager ersetzt werden. Beim Erneuern auf die richtige Einbaulage achten und unbedingt das Anzugsdrehmoment der Pleuelschrauben berücksichtigen.

Reparatur des Motors

Wenn der Motor aufgrund eines mechanischen Problems nicht mehr läuft ist die Reparatur oft sehr aufwändig. Auf der Fehlersuche ist das Abnehmen des Zylinderkopfes ein erster Schritt, dem Problem auf den Leib zu rücken. Aber auch das lässt sich oft sparen, wenn man die Möglichkeit hat, mit einem Endoskop in die Brennräume zu schauen. Sollte die Diagnose „defekte Zylinderkopfdichtung" lauten, ist eine Reparatur für den geübten Schrauber leicht möglich. Eine Demontage der Ölwanne gibt den Blick auf die Kurbelwellenlager frei. Bei größeren Schäden wird ein Ausbau des Motors notwendig. Der ausgebaute Motor kann dann von oben nach unten demontiert werden. Dazu wird erst der Zylinderkopf abgebaut und zerlegt. Um ordentlich am Motor arbeiten zu können, wird eine Halterung benötigt, in die der Motorblock eingespannt werden kann.
Wenn Zylinder, Zylinderkopf oder die Kurbelwellenlager beschädigt sind, ist ein Besuch beim Motorenbauer erforderlich.
Er hat die Geräte zum Ausschleifen und Planen der Motorteile. Die Motorüberholung ist ein Routineprozess und ein fachgerecht überholter Motor ist bei Fertigstellung so gut wie eine neue Maschine. Bei besonderem Aufwand (Feinwuchten der Kurbelwelle und der Pleuel, Polieren der Ansaug- und Abgaskanäle) kann sogar deutlich an Leistung hinzu gewonnen werden. Meist ist eine Generalüberholung des Motors der beste und einfachste Weg, um wieder ein zuverlässiges und langlebiges Antriebsaggregat zu erhalten.
Eine Generalüberholung kann z.T. auch in Eigenregie vorgenommen werden. Die einzelnen Motorkomponenten werden dann vom Fachbetrieb überholt und zum Schluss alles vom Besitzer wieder zusammengebaut. Der Montage des Motors erfordert allerdings sehr viel Know-how und Zeit.

Zylinderkopfdichtung erneuern (W 460, Typ 240 GD)

Der Motor des 240 GD hat über 200.000 km auf der Uhr und läuft einwandfrei, allerdings gibt es geringen Kühlwasseraustritt an der linken hinteren Längsseite und vorne Ölverlust. Also soll die Zylinderkopfdichtung erneuert werden. Die Laufleistung dieses Motors beträgt 200.000 km.

Erforderliche Ersatzteile

Es werden folgende Dichtungen benötigt:

- Zylinderkopfdichtung: Nr. A 616 016 20 20

Die in einer Folie eingeschweißte Dichtung darf erst unmittelbar vor der Montage ausgepackt werden (wegen Licht-/Ozon-Empfindlichkeit)

- Auspuffkrümmerdichtung: Nr. A 615 142 05 80

▲ *Der 3-Liter-Reihensechszylinder aus dem 300 GE ist ein sehr robuster Motor, der auch mit dem schweren G-Modell fertig wird. Nur hohe Öl- und Wassertemperaturen verträgt er auf Dauer nicht.*

- Kettenspannerdichtung: Nr. A 617 052 02 80
- Thermostatgehäusedichtung: Nr. A 616 203 02 80
- Eventuell Kopfhaubendichtung: Nr. A 615 016 00 80

Da die Zylinderkopfschrauben (M12, Innenvielzahn) bei zu großer Längung ausgetauscht werden müssen, sollte man mindestens 2 bis 3 Ersatzschrauben von den drei Sorten zur Hand haben.

Dehnungsmaß (gemessen von Kopfunterseite bis Schraubenende).

- 8 lange Schrauben:
  A 615 990 02 12 – Länge: 144 mm, max. Länge: 145,0 mm
- 6 mittlere Schrauben:
  A 615 990 03 12 – Länge: 119 mm, max. Länge: 120,5 mm
- 4 kurze Schrauben:
  A 615 990 01 12 – Länge: 104 mm, max. Länge: 105,5 mm

Man benötigt zur Montage einen langen Innenvielzahn-Steckeinsatz M12, von z.B. Hazet Nr. 990, M12 SLg, oder von Mercedes: Nr. W 617589001000.
Für zwei der vier M8-Inbusschrauben wird ein 6 mm langer Innensechskant-Inbus-Einsatz benötigt, z.B. von Hazet Nr. 986, 6SLg. Ein Magnetisieren des Werkzeugs (mehrmaliges Entlangstreichen mit einem Magneten) empfiehlt sich, dann bleiben die Schrauben am Einsatz hängen.

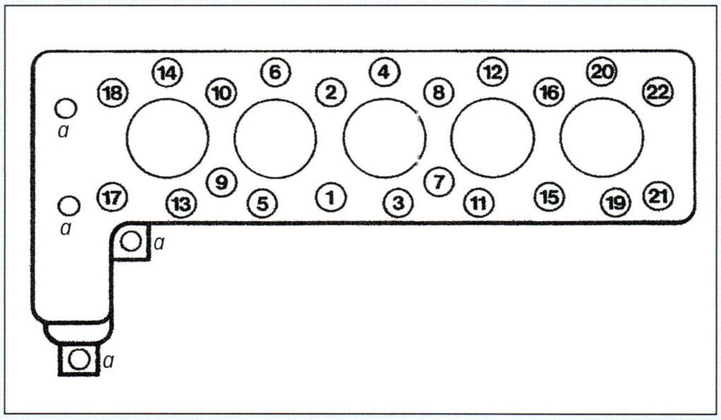

Sowohl das Lösen als auch das Festziehen der Zylinderkopfschrauben erfolgt nach einer festgelegten Reihenfolge. Hier zu sehen ist das Schema für das Anziehen der Zylinderkopfschrauben bei einem Fünfzylinder 300 TD (OM 617A). Das Lösen beginnt also bei Schraube Nummer 22.

▲ *Nach dem Abnehmen des Zylinderkopfes Motor des 240GD (OM 616)*

▲ *Zylinderkopf (240GD OM 616) mit den Kipphebeln für die Ventile*

Folgendes sind die Arbeitsschritte:
(Wichtig: Der Motor muss vollständig abgekühlt sein, am besten über Nacht)

Kühlwasser ablassen

Das Kühlwasser wird abgelassen (Schraube seitlich am Motor unter dem Ansaugkrümmer). Da es sich anbietet, nun generell das Kühlwasser zu erneuern, wird auch die Schraube unten am Kühler geöffnet. Dazu muss aber vorher der Rammschutz abgeschraubt werden. Das alte Kühlwasser (giftig!) wird in einer Wanne aufgefangen und beim Händler entsorgt.

Abbau von Luftfilter, Saugrohr, Auspuffkrümmer, Thermostatgehäuse sowie Ventildeckel mit Gasseilzug

Zuerst kompletten Luftfilter abschrauben, dann Saugrohr mit Auspuffkrümmer (beide Schrauben am Auspuffflansch). Vom Thermostatgehäuse werden die beiden dicken Kühlerschläuche abgeschraubt und die obere Schlauchschelle vom ganz kurzen Verbindungsstück gelöst. Dann kann das Thermostatgehäuse (zwei Schrauben) abgebaut werden. Es folgt der Ventildeckel.

Abbau der Einspritzleitungen und des Hauptdieselfilters

Die vier Einspritzleitungen werden abgeschraubt, die Leckölschläuche von den Einspritzdüsen abgezogen, ebenso der Schlauch zur ersten Einspritzdüse. Nach Lösen der beiden Schrauben wird der Dieselfilter etwas weggedrückt.

Abbau der Schwinghebel mit Lagerböcken

Die Nockenwelle wird so gestellt, dass die Schwinghebel entlastet sind. Achtung: Dazu wird nicht die Nockenwelle selbst, sondern nur die Kurbelwelle (27er-Nuss, kurze Verlängerung und Ratsche) in Drehrichtung des Motors gedreht, sonst besteht Gefahr für die Spannschiene.

Beide Schwinghebelgruppen werden nun abgebaut (4 Inbusschrauben), wobei die vordere und hintere für den korrekten Wiedereinbau gekennzeichnet werden müssen.

Vorbereitung: Abbau Nockenwellenrad

Als Erstes wird die Dehnschraube am Nockenwellenrad gelockert (geht leicht, ist nur mit 80 Nm angezogen), aber noch nicht abgeschraubt. Man kann mit einem Schraubendreher durch ein Loch des Rads gegenhalten.

Dann wird nur die Kurbelwelle mit der Ratsche so lange im Uhrzeigersinn gedreht, bis der erste Nocken der Nockenwelle – wenn man vor dem Motor steht – waagerecht nach rechts zeigt und die Einstellmarkierung (Kerbe) auf der Ausgleichsscheibe (Scheibe hinter Nockenwellenrad) mit der Markierung (Strich) am 1. Nockenwellenlager übereinstimmt, (siehe Pfeil). Da die Ausgleichsscheibe zwei Kerben hat, muss zusätzlich die Gradmarkierung der Kurbelwelle auf OT des 1. Zylinders stehen (Null-Gradmarkierung in der Lochmitte des Stegs). Dann befinden sich der 1. und der 4. Kolben ganz oben. Die Kurbelwelle darf jetzt nicht mehr gedreht werden!

Nun werden Nockenwellenrad und Steuerkette mit einem Draht durch ein Loch fest verbunden oder man kennzeichnet ihre Stellung zueinander mit einem Farbmarkierung. Mit einem sauberen festen Lappen die Zwischenräume ausfüllen, damit kein Teil in den Motor fallen kann. Die Schraube der Gleitschiene abschrauben und mittels Schlagauszieher oder Schraubauszieher den Lagerbolzen aus dem Motorgehäuse herausziehen (M6-Gewinde) und die Gleitschiene nach oben entnehmen.

Die Schrauben der Nockenwellenlagerdeckel mit einem 10-mm-Inbusschlüssel der Reihe nach lösen und herausziehen. Die vier M8-Muttern ebenfalls abschrauben.

Die Nockenwelle zusammen mit den Nockenwellenlagern und der Ölleitung herausheben. Die Lagerdeckel sind mit Stehbolzen geführt. Dann kann die Nockenwelle nach hinten aus den Nockenwellenlagern herausgezogen werden.

Zylinderkopf abschrauben

Um ein Verziehen des Zylinderkopfes zu vermeiden, müssen die Innenzwölfkant-Schrauben in der umgekehrten Reihenfolge wie beim Zusammenbau gelöst werden, also auch mit den gleichen Arbeitsschritten. Die Schrauben sind sehr fest angezogen. Es empfiehlt sich daher mit einer Verlängerung zu arbeiten.

1. Schritt: Alle Zylinderkopfschrauben, beginnend bei Schraube 18 bis zur Schraube 1, in einem Drehwinkel von 90 Grad lockern.
2. Schritt: In gleicher Weise nochmals um 90 Grad lockern.
3. Schritt: Jetzt können die Schrauben herausgedreht werden. Eventuell die Einspritzdüsen abschrauben.
4. Schritt: Die M8-Zylinderkopf-Inbusschrauben (a) mit dem 6-mm-Stiftschlüssel abschrauben.

▲ *Zunächst werden Anbauteile wie Luftfilter (Pfeil A), Saugrohr und Auspuffkrümmer (Pfeil B) Thermostatgehäuse (Pfeil C) sowie Ventildeckel mit Gaszug (Pfeil D) abmontiert.*

▲ *Die Befestigungspunkte des Gaszugs im Detail an dem Ventildeckel eines OM 616 (240 GD)*

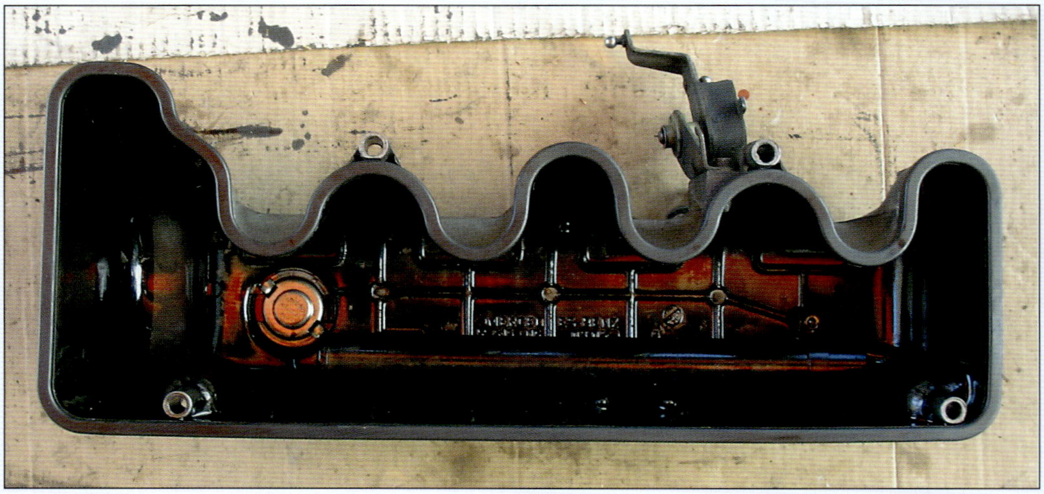

◀ *Der Ventildeckel ist mit vier Schrauben befestigt. Gleichmäßiges Lösen und Anziehen der Schrauben beachten! Bei der Montage ist grundsätzlich eine neue Dichtung zu verwenden. Weiße Ablagerungen mit dickflüssiger Konsistenz weisen auf einen Schaden an der Zylinderkopfdichtung hin.*

▲ *Nach Abnehmen des Ventildeckels werden die 4 Schrauben der Schwinghebelwelle entfernt und die Wellen für den Wiedereinbau entsprechend gekennzeichnet.*

◀ *Gradmarkierung der Kurbelwelle auf OT des ersten Zylinders (Null-Grad-Markierung durch Lochmitte zu sehen) - jetzt stehen der 1. und 4. Kolben ganz oben.*

▲ *Die Einstellmarkierung auf der Ausgleichsscheibe hinter dem Nockenwellenrad muss mit der Markierung am 1. Nockenwellenlager möglichst exakt übereinstimmen. Achtung: Auf OT-Stellung des 1. Zylinders achten, da die Ausgleichsscheibe zwei Einstellmarkierungen besitzt.*

Zylinderkopf abheben

Der Zylinderkopf klebt meistens etwas auf seinem Sitz, man kann vorsichtig (!!) mit einem Montiereisen an den Ecken unterfassen und etwas anheben. Hat sich die Dichtung gelöst, hebt man mit einer Hilfskraft den Kopf ab und sieht dann hoffentlich nichts Besorgniserregendes.

Zylinderkopf und Motorblock reinigen

Die Reste der zerstörten Dichtung werden nun mit einem scharf geschliffenen Schaber schonend entfernt (keine Riefen verursachen!), man muss sich dabei Zeit lassen. Achtung: Dichtungsreste nicht in die Ölkanäle schieben. Bei vollständig demontiertem Motor anschließend sicherheitshalber Wasser- und Ölkanäle vorsichtig mit Druckluft reinigen, um Dichtungsreste zu entfernen.

Zylinderkopf anschrauben

Die neue Dichtung auflegen. Der Kopf wird vorsichtig wieder aufgesetzt, zwei Zapfen auf dem Motorrumpf sorgen für eine korrekte Lage.

Anzugsdrehmomente und Drehwinkel (bei kaltem Motor!):
Es empfiehlt sich unbedingt, die schrittweise angezogenen Schrauben mit Fettkreide zu kennzeichnen, um ein Verwechseln zu vermeiden.

1. Schritt: Beginnend bei Schraube 1 bis Schraube 18 mit 40 Nm anziehen.
2. Schritt: Danach in der gleichen Reihenfolge mit 70 Nm anziehen.

Es folgt eine Pause (10 Minuten), damit die Dichtung sich setzen kann.

3. Schritt: Nun alle Schrauben in der Reihenfolge im Drehwinkel von 90 Grad anziehen.
4. Schritt: Nochmals um 90 Grad anziehen.
5. Schritt: Die M8-Zylinderkopf-Inbusschrauben (a) mit dem 6-mm-Stiftschlüssel anziehen.

Steuerkettenspanner prüfen
Der Kettenspanner sollte nur mit viel Kraft zusammengedrückt werden können. Im ausgebauten Zustand läuft das Öl aus und er ist dann leicht zusammenschiebbar. Um ihn vor einem Einbau wieder funktionstüchtig zu machen, eine 1 l fassende Konservendose mit 10er-Öl füllen und mit einem Bohrmaschinenständer oder ähnlichem Hilfsmittel den auf dem Kopf im Öl stehende Spanner etwa 6 bis 8 Mal langsam zusammendrücken und langsam entspannen. So füllt er sich wieder mit Öl und die Kette schlägt nicht beim ersten Anlassen. Mit einer neuen Dichtung wird der Kettenspanner wieder eingebaut. Achtung: Ein neuer Kettenspanner ist mit 171,56 Euro inkl. MwSt. nicht gerade billig.

Erster Start
Zunächst folgt der Einbau der Kipphebel, dann müssen die Ventile eingestellt werden. Nachdem alles wieder richtig zu-

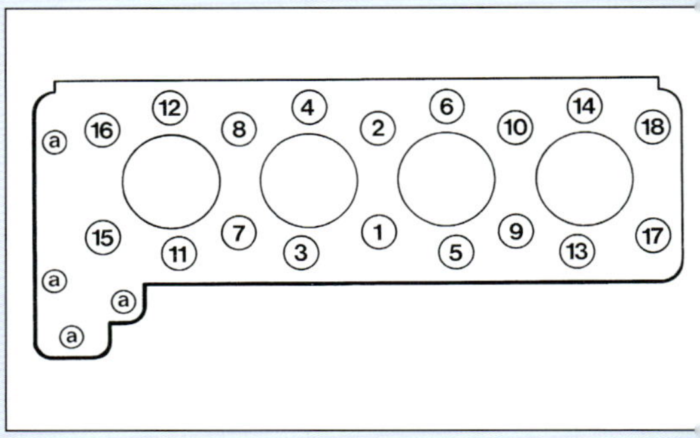

◀▲ *Neben den 18 Vielzahnschrauben (Pfeil) halten weitere 4 Inbusschrauben den Zylinderkopf. Im obenstehendem Schema ist die Reihenfolge des Lösens (angefangen bei Nr. 18) zu erkennen.*

▼ *Die Gleitschiene für die Steuerkette*

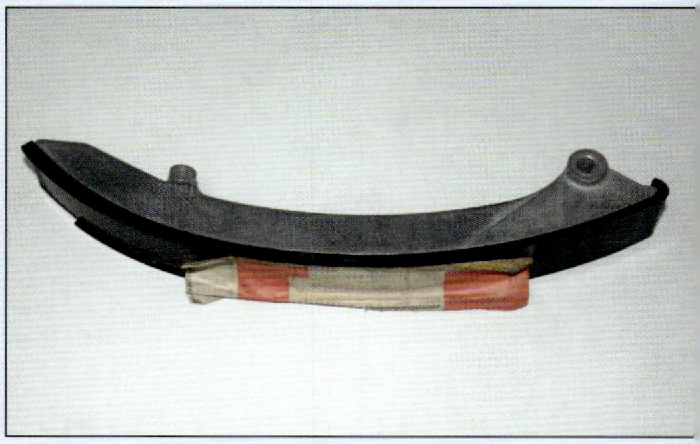

sammengebaut und das Kühlwasser aufgefüllt ist, wird es spannend. Zunächst werden die Einspritzleitungen zu den Einspritzdüsen nur locker angeschraubt. Die Leckölleitungen sind angeschlossen, die letzte kleine Kappe fehlt noch. Nun wird solange mit der Handpumpe Diesel gefördert, bis am Ende der Leckölleitungen Diesel austritt; so sind die Einspitzdüsen gefüllt und man muss nicht lange orgeln.

Nun den Ventildeckel aufsetzen (neue Dichtung verwenden), das Kabel vom Relais zur ersten Glühkerze noch nicht anschrauben und den Motor mit dem Anlasser etwa 2 Sekunden drehen lassen. Dann die Einspritzleitungen dicht anziehen und das Kabel wieder anschrauben. Nach dem Vorglühen sollte der Motor sofort starten. Anschließend warmlaufen lassen, dann Kühlwasserstand prüfen/nachfüllen und Ölstand prüfen.

Ventile einstellen (am Beispiel eines 240 GD)

Allgemeines

Ist das Ventilspiel zu klein, liegen die Ventile nicht oder nur kurze Zeit am Ventilsitzring auf, was ungenügende Wärmeableitung, ein Verziehen der Ventile und ungenügende Kompression nach sich ziehen kann.

Ist das Ventilspiel zu groß, ist mit geringerer Leistung, höherem Verschleiß und lauterem Laufgeräusch des Motors zu rechnen.

Werkzeug

Vorteilhaft sind die Spezialschlüssel von Hazet oder von Mercedes. Benötigt werden zwei gebogene Einstellschlüssel 14 mm, Hazet, Nr. 2769, oder DC: Nr. W 615 589 00 01 00 – und ein Festhalteschlüssel 30 mm, Hazet, Nr. 2769-3 oder DC: W 615 589 00 03 00 . Manchmal sind solche Schlüssel im Autoteilecenter billiger zu bekommen.

Einstelllehren

Einstelllehren gibt es in den verschiedensten Ausführungen, benötigt werden:

- für den kalten Motor (unter 30 °C): Einlass: 0,10 mm, Auslass: 0,30 mm
- für den warmen Motor (ab etwa 50 °C): Einlass: 0,15 mm, Auslass: 0,35 mm

Durchführung

Wichtig: Die Nockenwelle wird immer so gestellt, dass das einzustellende Ventilpaar entlastet ist und der Nocken schräg nach oben zeigt. Man kann dann den Kipphebel von Hand etwas hinauf- und hinunter-„kippen“. Achtung: Dazu wird nicht die Nockenwelle selber, sondern nur an der Kurbelwelle (27er-Nuss, kurze Verlängerung und Ratsche) in Drehrichtung des Motors gedreht, sonst besteht Gefahr für die Spannschiene.

Kontrolle des Ventilspiels

Das Blatt der Lehre muss sich stramm zwischen Kipphebel und Nocken schieben (siehe Pfeil) und saugend wieder herausziehen lassen.

Einstellen des Ventilspiels

Der Halteschlüssel (30 mm) wird über den Sechskant des Ventiltellers gelegt und dieser damit festgehalten. Dann wird die Kontermutter vorsichtig gelöst, gleichzeitig aber die Hutmutter festgehalten. Geringes Verdrehen der Hutmutter verändert das Ventilspiel, wobei vor dem Testen mit der Lehre die Kontermutter ohne Gewalt wieder angezogen wird. Jedes eingestellte Ventil wird mit einem Kreidestrich an der über der Nockenwelle liegenden Ölleitung gekennzeichnet. Nochmalige Kontrolle der Kontermutter beachten! Eingestellt wird in der Zündfolge, also beim Vierzylinder 1-3-4-2. Die Zündfolge beim 6-Zylinder-Triebwerk lautet: 1-5-3-6-2-4, beim Fünfzylinder lautet sie: 1-2-4-5-3.

Einige Ersatzteilnummern

- Hutmutter: A 615 053 00 72
- Kontermutter: A 153 990 02 51
- Rotocap: A 000 053 12 35

▲ *Auf dem Zylinderkopf sind die Innenzwölfkant-Schrauben zu erkennen. Sie werden in vorgeschriebener Reihenfolge zuerst vorsichtig in mehreren Schritten nacheinander immer um 90 Grad gelöst, bevor sie dann nacheinander heraus gedreht werden.*

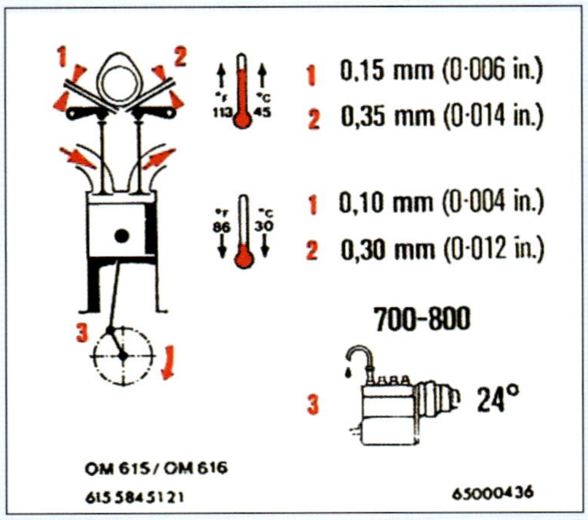

▲ *Die Einstellwerte für die Ventile (kalt und warm) beim 240 GD (OM 616)*

▲ *Bei den älteren Motoren ohne Hydrostößel (OM 616 / 240 GD, OM 617 / 300 GD, M 110 / 280 GE und M 103 / 230 G) müssen die Ventile regelmäßig eingestellt werden, um einen optimalen Lauf des Motors zu erreichen.*

▲ *Kontermutter und Hutmutter auf dem Sechskant Ventilteller; hier werden die Schlüssel angesetzt. Der Halteschlüssel hält den Ventilteller, mit den Einstellschlüsseln wird das Spiel verstellt.*

▲ *Der Festhalteschlüssel von Hazet zum sicheren Fixieren des Ventiltellers im Einsatz.*

▲ *Nun werden mit zwei gebogenen 14-mm-Einstellschlüsseln (Spezialschlüssel Hazet: Nr. 2769 oder DC: W 615 589 00 01 00) die Kontermuttern gelöst.*

▲ *Der 30-mm-Festhalteschlüssel (Hazet: Nr. 2769-3 oder DC: W 615 589 00 03 00) verbleibt während des Lösens und Festziehens der Kontermuttern in seiner Position.*

▲ *Nach dem Einstellen wird das Ventilspiel mit der Einstelllehre nochmals überprüft und gegebenenfalls weiter nachgestellt, bis es genau stimmt.*

▲ *Nach erfolgter Einstellung darauf achten, dass die Muttern wieder richtig festgezogen wurden.*

▲ *Geschafft! Das Ventilspiel ist nun richtig eingestellt. Achtung: Die Kontermuttern nicht mit übermäßiger Gewalt festziehen. Jedes eingestellte Ventil wird mit einem Kreidestrich an der über der Nockenwelle liegenden Ölleitung gekennzeichnet.*

▲ *Nach dem Einstellen den Ventildeckel wieder montieren und den Motor Probe laufen lassen. Das Triebwerk sollte bei richtiger Einstellung „rund" laufen.*

Nachrüsten eines Katalysators

Nachdem die Gewichtsbesteuerung (172,- Euro Kfz-Steuer beim G mit 2810 kg) im Jahre 2005 entfiel, war die Steuerersparnis durch Einbau eines Katalysators auch nicht zu verachten. Bei einem Bruttopreis von 800,- Euro amortisiert sich der Kat spätestens nach 2 bis 3 Jahren. Mercedes-Benz bietet nicht für alle Fahrzeuge Nachrüst-Katalysatoren an. Bei der Firma SK Handelsgesellschaft wird man aber auch für alte G-Modelle fündig. Generell sind Umrüstungen bei den Modellen W 460 (240 GD, 300 GD, 250 GD), W 461 (290 GD, 250 GD) und W 463 (250 GD, 300 GD, 350 GD Turbo sowie 300 GE und 320 GE) möglich. Allerdings sollte der Kat auch beim Diesel im reinen Rapsöl-Betrieb (der Liter kostet z. Zt. frei Haus 0,65 Euro) funktionieren. Beim Einbau bietet sich die Möglichkeit, auch gleich die Auspuffanlage zu erneuern.

Der Katalysator wird in der Regel mit Zubehörteilen geliefert. Alle zum Einbau benötigten Schrauben und Schellen sind dabei, zusätzlich zwei 5 mm starke und gebohrte Flacheisen aus V2A, die den am Getriebe angeschraubten Auspuffhalter nach dem Krümmer ersetzen.

Das lange Auspuffrohr vom Krümmer bis zum Schalldämpfer wird durch den Kat ersetzt. Wer sinnvoller Weise V2A-Schrauben und -Schellen nachgerüstet hat, für den ist die Demontage der bestehenden Anlage schnell erledigt. Der alte Schall-

▲ *Heute sind bereits Euro III Kats erhältlich, hier noch ein Euro I „Oxi"-Kat für den 240GD*

▲ *Wichtig für Eintragung, Plakette und Steuerbegünstigung: Herstellerbezeichnung und KBA-Nummer*

dämpfer an dem hier gezeigten 240 GD erwies sich bei genauerer Betrachtung aber als nicht mehr einsatzfähig, schon dreimal waren neue Anschlussstutzen angeschweißt worden. Vorsorglich bestellte ich mir also einen neuen Auspufftopf bei Mercedes-Benz.

Den Kat mit dem Flansch am abgewinkelten Rohr (siehe Pfeil) am Auspuffkrümmer anschrauben. Hierzu am besten lange V2A-Schrauben (M8 x 90, Teilgewinde), V2A-Schmierspray (Antisize) für die Schrauben und Kupferspray für die Rohrverbindungen verwenden.

Nach Aussage des Herstellers wird der Kat außen etwa 250 °C heiß und es reicht aus, wenn etwa 1 cm Abstand zu der Hitzeisolierung am Karosserietunnel besteht.

Die kleine gewinkelte V2A-Halterung wird am Getriebe anstelle des alten Halters befestigt. Anschließend sollte man provisorisch das Verbindungsrohr zwischen Kat und Schalldämpfer anschrauben und ausrichten.

Unmittelbar am Rohreintritt vom Krümmer in den Kat wird die Schelle für die Abstützung angeschraubt.. Damit beide Teile des Halters verschraubt werden können, musste ich beide Halterteile entsprechend biegen.

Beim Einpassen der Auspuffanlage riss dann der verrostete Anschlussstutzen am Topf ab. Da die Stutzen schon dreimal erneuert worden waren und der Topf sich aufzulösen begann, war nun ein neuer Schalldämpfer (Nr.: A 460 491 04 01 – 158,36 Euro inkl. 10 % Nachlass) kein übertriebener Luxus. Die Anschlüsse werden vor der Montage zusätzlich außen mit Zinkspray, innen mit Kupferspray bzw. Auspuffdichtmasse einge-

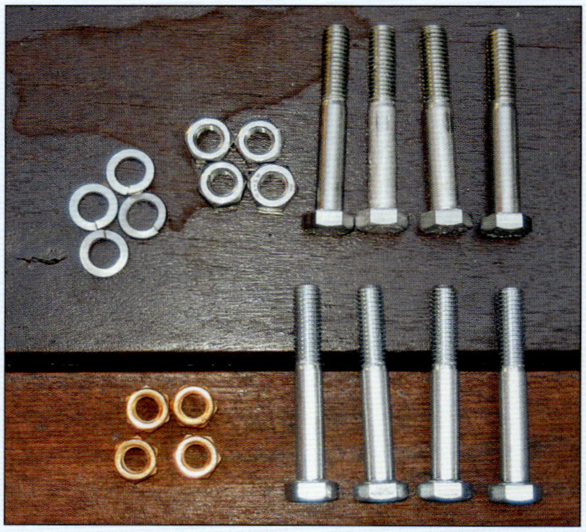

▲ *Katalysator mit Halter aus V2A (angepasst) am Getriebe*

▲ *Abänderung der Kat-Halterung (V2A)*

▲ Kat-Anschluss am Krümmer

▲ So sieht die neue selbstgebaute V2A-Halterung für den Kat aus.

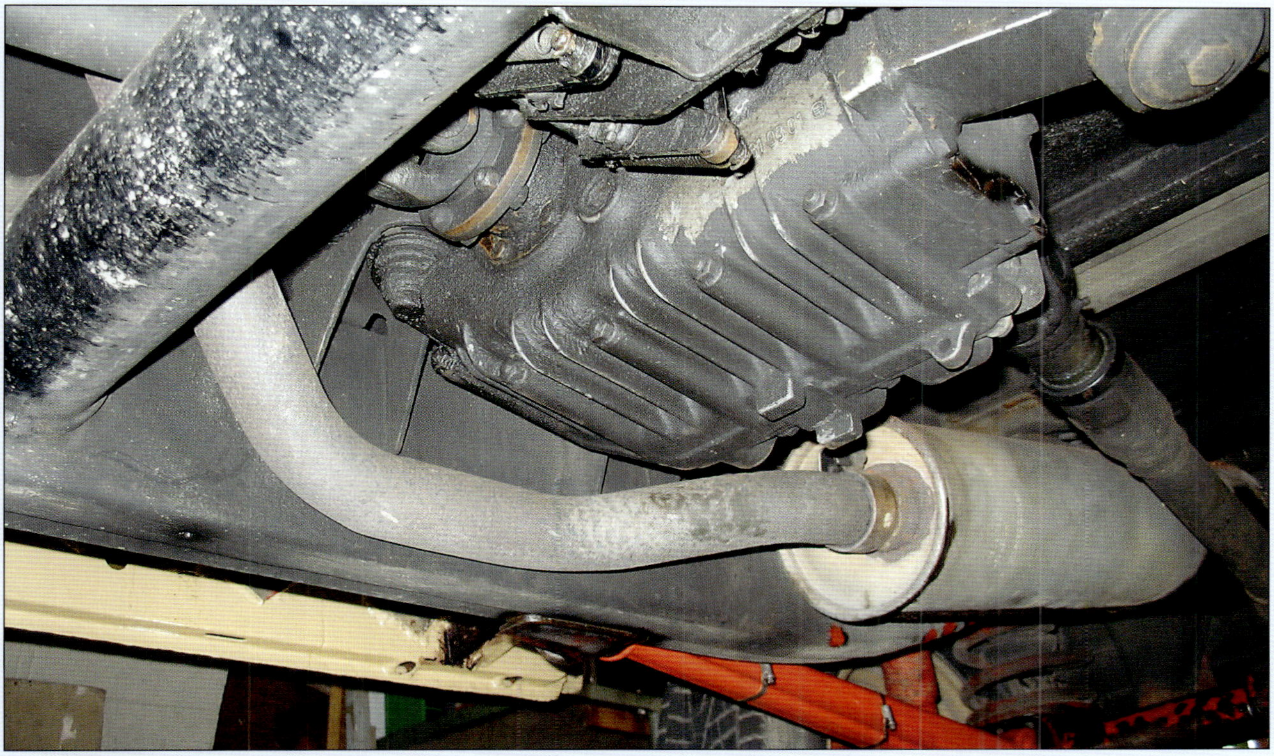

▲ Auspuffverlauf vor dem Endschalldämpfer

▲ Während der Kat-Umrüstungsaktion zeigte es sich, dass auch der Endschalldämpfer erneuert werden musste.

▲ Das geschlitzte Ende wird über das vom Katalysator kommende Rohrende geschoben. Zur besseren Abdichtung sollte man etwas Auspuffdichtmasse auf der inneren Wandung des Rohrs verteilen.

sprüht. Alle Schellen und Befestigungsteile sollten grundsätzlich aus V2A-Material bestehen.
Etwas Geduld benötigt man, um den ganzen Umbau an den Anschlüssen wieder dicht zu bekommen. Läuft der Motor kurzzeitig, kann man mit der Hand die Stellen erfühlen, wo die anfangs nicht heißen Auspuffgase unerlaubterweise entweichen.
Zunächst erwies sich der Krümmeranschluss als undicht. Also alle Anschlüsse wieder lockern und vom Krümmer in Richtung Kat neu justieren und verschrauben. Dann läuft der 240 GD wieder schön leise. Baut man den Kat selbst ein, braucht man noch eine entsprechende Bestätigung vom TÜV oder von einer berechtigten Werkstatt, um in den Genuss der Steuervergünstigung zu kommen.
Für die Modelle 300 GE und 320 GE bietet die SK Handels AG Nachrüstkatalysatoren an. Diese werden zusätzlich zum serienmäßigen Kat eingebaut. Der 300 GE kommt damit von Euro 0 auf Euro 3 und der 320 GE von Euro 2 auf Euro 3. Der SK-Kat kostet ca. 800,- Euro; ein Aufwand der sich auf jeden Fall lohnt, da sich der Kat spätestens nach 3 Jahren amortisiert hat.

▲ *Informatives Cockpit: VDO Zusatzinstrumente sorgen für einen umfassenden Überblick über die Befindlichkeit des G-Modells (hier beim W 460), inklusive Öldruck- und Öltemperaturanzeige*

Öldruckanzeige nachrüsten (Beispiel W 460)

Die Öldruckanzeige ist sehr wichtig, da sie dem Fahrer viel über den Zustand des Motors verrät. Im kalten Zustand (kurz nach dem Start) sollte der Öldruck im Leerlauf mindestens 5 bar erreichen. Liegt er niedriger, ist bereits erheblicher Verschleiß am Triebwerk vorhanden. Bei Betriebstemperatur sollten bei Vollgas stets mindestens 3 bar zur Verfügung stehen und im Leerlauf 1 bar. Ein Motor, der diese Mindestwerte nicht erreicht, sollte zumindest auf die Ursache hin überprüft werden; wenn er aufgrund zu niedriger Kompression keinen höheren Druck aufbauen kann, ist eine Überholung nicht sofort zwingend notwendig, aber in naher Zukunft wahrscheinlich

unvermeidlich. Auch die Art des Öls beeinflusst den Öldruck, ein Leichtlauföl baut weniger Druck auf als dickere Öle.
Zum Einbau der Nachrüst-Öldruckanzeige (hier von VDO) den serienmäßigen Öldruckgeber unterhalb des Ölfiltergehäuses herausdrehen (am besten Ölfiltergehäuse vorher ausbauen, auch wenn dies deutlichen Mehraufwand bedeutet), dann den VDO-Adapter und den VDO-Öldruckgeber eindrehen. Die Kabel für die Öldruckkontrollleuchte und die neue Öldruckanzeige anschließen. Das neue Kabel in den Innenraum verlegen und genau wie Masse und Licht an das neue Zusatzinstrument anschließen – schnell und einfach machbar.

Öltemperaturanzeige nachrüsten

Wird der G besonders auch im Winter bewegt, ist ein Ölthermometer angebracht. Denn wer nach dem Kaltstart das Triebwerk sofort mit hohen Drehzahlen belastet, wird bekannt ich keine lange Freude an seinem Motor haben. Die Kontrolle der Öltemperatur über ein nachgerüstetes Zusatzinstrument sorgt dafür, dass der Fahrer zuverlässig darüber informiert ist, wann sich das Öl entsprechend erwärmt hat bzw. seine Betriebstemperatur erreicht hat und somit das Triebwerk bereit ist, belastet zu werden. Die Temperatur wird übrigens im Ölsumpf gemessen, die tatsächliche Lagertemperatur ist bis zu 20 °C. Im Winter steigt erst nach etwa 20 km Fahrt die Öltemperaturanzeige auf über 50 °C, die Kühlwassertemperatur steigt dagegen schneller an. Im Sommer ist die Öltemperatur primär von der gefahrenen Geschwindigkeit abhängig: bei 20 °C Außentemperatur sollte sie zwischen 80 und 110 °C liegen. Nur bei Außentemperaturen über 30 °C sollten die 120 °C Öltemperatur erreicht werden; auf keinen Fall sollte sie auf Dauer darüber liegen.
Das Ölthermometer von VDO passt in den Blinddeckel zwischen den Instrumenten beim W 460 oder unter die Mittelkonsole. Der Geber wird anstelle der Ölablassschraube eingeschraubt und ein einadriges Kabel zum Thermometer verlegt. Eine geschaltete Plus-Leitung (von der Zündung) und Masse werden noch benötigt; zusätzlich wird die Beleuchtung des Zusatzinstruments vom Tacho abgezweigt.

▲ *Preiswert und sinnvoll: Ein Ölthermometer hilft, den Betriebszustand des Motors besser zu beurteilen. Anstelle der Ölablassschraube wird ein Geber für das Ölthermometer eingebaut. Eine sinnvolle Ergänzung zu Wasser- und Öltemperaturanzeige stellt übrigens ein Öldruckinstrument dar, dessen Einbau ebenfalls einfach zu bewerkstelligen ist.*

Spezifikationen

- Öltemperatur-Instrument – ca. 35,- Euro
- Geber: VDO, 6/79, 8-24 Volt, max. 150 °C, Nr. 801/4/33 – 65,- Euro
- Schlüsselweite: 30 mm, Gewinde M26, Widerstand: 22 °C: 850 Ohm, wird bei Erwärmung kleiner
- Dichtring: Nr. N 007603026301; 26,3 mm Innendurchmesser; 31,7 mm Außendurchmesser

Behebung häufig auftretender Ölundichtigkeiten (Baureihe W 460)

Eine häufige Ursache für Ölverlust ist die Dichtung unterhalb des Ölfiltergehäuses. Zur Reparatur Motoröl ablassen, Ölfiltergehäuse ausbauen und neue Dichtung einsetzen. Da das Filtergehäuse nur schwer zugänglich ist, sollten für die Reparatur mindestens zwei Stunden eingeplant werden.
Ebenfalls häufig undicht ist bei den Modellen 230 G, 240 GD, 280 GE und 300 GD die Kurbelwellenabdichtung (Borgmannring). Sollte dort Öl austreten, ist eine Behebung des Lecks extrem aufwändig. Die untere Hälfte des Borgmannrings kann durch Abnehmen der Ölwanne und anschließendes Ersetzen des unteren Teiles des Borgmannrings repariert werden. Der Filzring wird mit einem Hammerstiel in die vorgegebene Einbuchtung eingedrückt. Wenn auch der obere Teil undicht ist, muss die Kurbelwelle zur Reparatur abgesenkt werden, damit der Filzring in die Einbuchtung im Motorblock eingedrückt werden kann.
Bei neueren Motoren (300 GE, 320 GE) tritt häufig Öl an dem Gehäuse der Nockenwellen vorne am Zylinderkopf aus, zur Behebung muss die Dichtung des Steuerkettengehäuses ersetzt werden.
Ölverluste an den Achsen treten in Folge undichter Achsmanschetten auf, diese sollten schnell ersetzt werden, da sonst an der betreffenden Achse teure Folgeschäden entstehen können.

Einbau eines stärkeren Motors

Grundsätzlich können in alle G-Modelle all jene Motoren problemlos vom TÜV eingetragen und zugelassen werden, die in der G-Palette von Mercedes-Benz serienmäßig verbaut worden sind. Bei einem in Frage kommenden Umbau sollte man also bedenken, welche Varianten es von der jeweiligen Baureihe (W 460/461/462/463) gab. Also soll beispielsweise ein 5-Liter-V8-Motor (M 117) verbaut werden, orientiert man sich am 500 GE, bei dem dieses Triebwerk in der Serie zum Einsatz kam. Die Bremsanlage sollte also mindestens auf dem Stand 500 GE sein oder besser. Das Abgasverhalten entspricht auch dem Serienfahrzeug, es muss also kein neues Gutachten angefertigt werden. Dementsprechend sind Motoren, die niemals für das betreffende G-Modell angeboten wurden, aufgrund eines fehlenden Abgasgutachtens nachträglich nicht im G eintragungsfähig.
Bei allen größeren Umbauten gibt jede TÜV-Station gerne Auskunft über die nötigen technischen Änderungen, die am Fahrzeug vorgenommen werden müssen.

Um den schwergewichtigen G einigermaßen auf Trab zu bringen, sind 120 PS Leistung und 225 Nm Drehmoment allenfalls als ausreichend zu bezeichnen. Vor allem die älteren G-Modelle verfügten meistens nicht einmal über diese Leistung. Bis 1992 konnten sich lediglich die 280 GE- und 300 GE-Fahrer nicht über mangelnde Leistung beschweren. Demzufolge wurden auch viele ältere G-Modelle auf stärkere Motoren umgerüstet. Bei der Umrüstung kann man sich aus dem reichhaltigen Mercedes-Benz Pkw- und Transporter-Motorenprogramm bedienen, aber Vorsicht: Nicht jeder Motor ist auch gut für den G! Grundsätzlich sind alle Motoren, die im G verbaut wurden, erste Wahl. Danach kommen die engsten „Verwandten" dieser Motoren, beispielsweise wird ein 300 GD (OM 617) durch einen Motor aus dem 300 TD (OM 617A) ersetzt. Viel Drehmoment bei niedriger Drehzahl zeichnen einen guten Motor für einen Geländewagen aus. Bei jedem Umbau sollte die Ölpumpe und die Ölwanne aus dem G-Modell-Motor verwendet bzw. umgebaut werden. Die Ölwannen der G-Modelle haben eine Ausbuchtung für die Vorderachse, ein längeres Ölpumpenansaugrohr für die tiefe G-Ölwanne sowie spezielle Schwallbleche, damit auch bei extremen Schräglagen im harten Geländeeinsatz genug Öl am Ansaugplatz ist. Auch die Ansaug- und Abgaskrümmer im G unterscheiden sich von den Versionen der Pkw-Modelle und sollten umgebaut werden.

300 TD Turbo (OM 617A)

Für 230 G, 240 GD, 300 GD und 280 GE der Baureihe W 460 bietet sich eine Umrüstung auf den OM 617A an. Das Dreiliter-Fünfzylinderaggregat aus dem W 123 passt zu den Baujahren und lässt sich gut für den G adaptieren. Der seinerzeit erste Pkw-Turbodieselmotor der Welt ist ein Vorkammeraggregat, fährt auch mit Pflanzenöl und verbraucht im G 12-16 Liter, je nach Beanspruchung. Beim Umbau ist zu beachten, dass die Achsübersetzung für den Turbodiesel meistens auch angepasst werden muss. Eine lange Achse mit 1:4,375 (wie in den G-Modellen der Schweizer Armee verbaut) ist ideal. Die noch längere 1:4,11er-Achse verlangt nach mehr Leistung und die Kegel-/Tellerräder sind so groß, dass sie sich nicht in andere Achsgehäuse verpflanzen lassen. Bleibt die 4,90er Achse oder gar die noch kürzere 5,33er oder 5,28er Achse drin, dreht der Motor bei Autobahnfahrten zu hoch und sein Leben ist extrem gefährdet. Die Dauerdrehzahl sollte nicht weit über 4000/min liegen, die Maximaldrehzahl beträgt 4650/min.
Alle 617A-Triebwerke wurden mit einer Automatik kombiniert; wer auf ein Schaltgetriebe umrüsten will, benötigt eine Schwungscheibe. Diese muss auf die Kurbelwelle gewuchtet werden. Beim 280 GE kann die Auspuffanlage übernommen werden, bei allen anderen W 460 muss eine neue Anlage mit 60 mm Innendurchmesser verbaut werden. Der große Kühler und der Ölkühler der Limousine sollten übernommen werden.
Das Getrag-Fünfganggetriebe (W 123, W 460 alle außer 230 GE) passt von der Übersetzung her ideal zum 617A, hält aber leider dessen Drehmoment nicht stand. Bleibt noch das originale Vierganggetriebe; es erfüllt seine Arbeit zwar klaglos, ermöglicht aber nur begrenzt, das Potenzial des stärkeren Motors auszuspielen. Das Fünfganggetriebe aus dem Transporter (207D-410) ist mit seinem kurzen ersten Gang ein Fall für Fahrzeuge mit großen Rädern und/oder der 4,375er Achse.
Ein besonderer Fall ist das Mercedes-Fünfganggetriebe mit angeschraubter Kupplungsglocke, das bis 1976 eingesetzt wurde (u.a. für im 350 SL/SE). Es ist stabil und hat einen langen 5. Gang – auf zur Teilejagd auf den Oldtimermarkt!
Bei den Automatikgetrieben kann das Originalteil aus dem Spender-Pkw oder aus dem G verwendet werden. Die Anpassung des G-Getriebes ist etwas aufwändiger (Unterdruckeinstellung), aber im Alltag (und im Gelände) die bessere Wahl.
Beim Einbau einer Pkw-Automatik ist die Anpassung des Schaltschemas die größte Hürde.
Wem die 125 PS nicht reichen, der kann zusätzlich einen Ladeluftkühler nachrüsten, damit kommt man bei passender Pumpeneinstellung auf 160 PS.

▲ *Ein OM 617A (300 Turbodiesel mit 125 PS) im W 460 bedeutet eine kräftige Leistungssteigerung.*

▲ *Der Motor des 290 GD Turbo ist der einzige Turbo-Diesel-Direkteinspritzer, der kein Common Rail-Motor ist, der je im G verbaut worden ist. Das sehr genügsame Aggregat zählt zu den begehrtesten Motoren im W 461.*

250 TD, 290 TDI (OM 602)

Im Fall von 250 GD, 290 GD und 230 GE können die Turbodieselaggregate 290 TDI (aus dem Sprinter und E 290 TD W 210) und 250 TD (aus W 201 und W 124) eingebaut werden. Hierbei kann auf Originalteile vom 290 GD Turbo zurückgegriffen werden. Die Getriebe aus dem G lassen sich ebenfalls verwenden. Beide Motoren verbrennen auch Pflanzenöl; der Einbau des 290 TDI ist wegen dessen Einspritzelektronik etwas aufwändiger, jedoch zählt er zu den verbrauchsgünstigsten Motoren für den G (im Schnitt etwa 9-12 Liter/100 km). Wer einen Motor aus dem Sprinter adaptiert, sollte sich die Schaltwege ansehen, ehe er sich entschließt, auch das Getriebe aus dem Kleinlaster zu übernehmen. Es lässt sich sowieso nur bedingt in G-Modellen verwenden.

300 TD (OM 603A), 300 TD 24V (OM 604A)

Die Reihensechszylindertriebwerke bestechen durch Laufruhe und Drehmoment. Allerdings sind auch hier die im G serienmäßig eingesetzten Schaltgetriebe oft überfordert, ein Automatikgetriebe ist also angesagt. Die großen Kühler für Öl und Wasser müssen ebenfalls übernommen werden. Die

▲ Seit 1998 der zuverlässigste Motor im G: der 300 PS starke Dreiventil-V8 M 113 des G 500.

◀ Läuft auch zuverlässig mit Pflanzenöl: Der Eisenklotz aus der Frühzeit, 3-Liter-Fünfzylinder-Diesel OM 617 mit bescheidenen 88 PS.

Auspuffanlage muss einen Querschnitt von 60 mm aufweisen. Beide Aggregate laufen notfalls auch mit Pflanzenöl. Der 24V-Motor ist wegen seiner elektronischen Einspritzanlage schwieriger einzubauen, zudem ist er im Pkw mit einer elektronisch gesteuerten Automatikgetriebeeinheit gekoppelt. Für Freunde einer Handschaltung bietet sich dazu das Sechsganggetriebe aus dem C 270 CDI zum Einbau an.

500 SE, 560 SE (M 117 V8)

Wer G-Fahren auch auf der Straße täglich als Lusterlebnis genießen möchte, baut am besten einen V8 ein. Am einfachsten zu bewerkstelligen ist dies mit Originalteilen beim W 463. Das Fünfliter-V8-Triebwerk vom Typ M 117, das von Mercedes ab 1993 verbaut wurde, erweist sich dabei als unkompliziert, der leistungsstärkere 5,6-Liter-Motor verlangt hingegen nach wesentlich mehr Kühlleistung.

Trotz zahlreicher Originalteile aus dem 500 GE ist der Umbau extrem aufwändig und gerade wegen dieser Teile auch sehr teuer. Für Geländefahrten ist die lange Ölwanne aus dem 500 SE/SEL/SEC (W 126) nicht geeignet. Es muss die Ölwanne aus dem 500 SL (R 107) oder besser gleich jene aus dem 500 GE eingebaut werden. Aus dem Spenderfahrzeug kommen neben dem Motor das Automatikgetriebe, Kühler, Ölkühler, Lüfter und Luftfilter. Die Auspuffanlage mit 60 mm Innendurchmesser muss extra angefertigt werden (am besten je eine „Sidepipe" pro Seite). Als Basisfahrzeug für diesen Umbau ist ein 350 GD am besten geeignet. Steht ein 300 GE, 230 GE, 250 GD oder 300 GD zur Verfügung, sollte in jedem Fall das lange Verteilergetriebe verbaut werden.

Wenn ein 5,6-Liter-Motor zum Einsatz kommen soll, ist dringend zusätzliche Kühlleistung gefragt. Diese wird am besten mit einem Elektrolüfter aus dem aktuellen SL 500 gewährleistet. Der elfblättrige Lüfter wird über ein nachträglich eingebautes Thermostat aktiviert.

Wer unbedingt ein Schaltgetriebe zum V8 haben will, kann sich die Fünfgang-Box des Porsche 928/928 GT besorgen – die passt und hält auch dem Drehmoment stand.

▲ *High-tech im traditionellen Gewand: Mit Kurvenlicht, Bi-Xenon, Parktronic, ESP, 4ETS und vielen weiteren Extras erfüllt die G-Klasse alle Ansprüche, die an ein modernes Geländefahrzeug gestellt werden.*

ABSCHNITT VIER

GEMISCHBILDUNG

Springt der Motor nicht an, dann liegt die Ursache häufig im Bereich der Gemischbildung. Wenn im Motor nicht das richtige Gasgemisch ankommt, dann läuft es auch nicht mit der Verbrennung. Die neuen G-Modelle verfügen über hoch sensible elektronische Einspritzanlagen, deren Wartung und Einstellung man besser der Fachwerkstatt überlässt. Hier ist auch die dazu benötigte Hardware vorhanden. Auf den nächsten Seiten haben wir uns deshalb die älteren Modelle etwas näher angeschaut. Die frühe, einfachere Technik erlaubt es auch dem engagierten Hobbyschrauber, das Fahrzeug wieder zum Laufen zu bringen.

▲ *Der Stromberg 175-CDTU-Flachstromvergaser des 230 G mit Ansaugbrücke. Um den Ölstand zu kontrollieren, wird der gelbe Verschlussstopfen (Pfeil) herausgedreht.*

Vergaseranlage

Hier beleuchten wir die Vergaseranlage des 230 G, das einzige G-Modell mit Vergaser. Das Modell 230 G ist mit einem Stromberg 175-CDTU-Fallstromvergaser ausgerüstet. Dieser hat einen Saugrohrdurchmesser von 45 mm.

Ausbau der Vergaseranlage:

- Das Kurbelgehäuseentlüftungsrohr und die Unterdruckleitung am Luftfilter abnehmen.
- Die Elektroleitung für die Starterdeckelbeheizung abziehen. Die Gummimanschette am Vergaser lösen. Benzin- und Unterdruckschläuche abnehmen. Den schwarzen Schlauch für das Leerlaufgemisch an der Seite des Vergasers verschließen.
- Den Überdruck der Kühlanlage durch Öffnen des Kühlerdeckels ablassen. Dann erst die beiden Wasserschläuche (Zulauf und Ablauf) zur Beheizung des Vergasers mit einer Zwinge abklemmen und verschließen.
- Das Gasgestänge am Drosselklappenhebel aushängen.
- Zuletzt das Massekabel des Vergasers und die Befestigungsschrauben lösen und den Vergaser abnehmen.

Wenn die beschädigten oder defekten Teile repariert bzw. erneuert sind, kann der Einbau in umgekehrter Reihenfolge wie der Ausbau erfolgen. Generell gilt: Alle Dichtungen müssen stets erneuert werden; beim Auflegen der Dichtungen darauf achten, dass die Öffnungen im Vergaser nicht verdeckt werden. Auf die richtige Anbringung der Unterdruckschläuche achten. Die Benzinschläuche sind mit Pfeilmarkierungen versehen und müssen entsprechend montiert werden. Die Befestigungsschrauben des Vergasers müssen mit 50 Nm angezogen werden. Danach den Vergaser einstellen wie nachfolgend beschrieben.

Wartung und Einstellung des Vergasers

Eine richtige Einstellung des Vergasers ist wichtig für die optimale Leistung und natürlich den Verbrauch des Motors. Grundsätzlich sollte man alle 10.000 km den Ölstand für den Öldämpfer-Luftkolben kontrollieren. Falls nötig Öl nachfüllen (Motoröl). Ölmangel führt hier zu schlechter Dämpfung des Vergaserkolbens und damit zu schlechterer Beschleunigung.

Einstellung:

Schwimmerstand

- Vergaser ausbauen
- Schwimmerkammer abschrauben: die Zylinderschrauben aus der Schwimmerkammer heraus schrauben und die

▲ *Unter diesem Deckel sitzt der Kolben.*

▲ *Vergaser von der Seite mit der Öffnung hin zum Luftfilter.*

▲ *Durch die Ansaugöffnung ist deutlich der Luftkolben zu erkennen.*

Schwimmerkammer abnehmen. Das Ausgleichselement mit der Kraftstoffdüse und der Druckfeder ausbauen.

- Den Schwimmer behutsam nach unten drücken, bis die federbelastete Kugel vom Schwimmernadelventil ganz eingedrückt ist.
- Dann den Schwimmerstand mit der Messlehre an den höchsten Punkten des Schwimmers prüfen. Es sollte ein Maß von 16 bis 17 mm vorhanden sein. Falls eine Korrektur notwendig ist, erst die Dichtung unter dem Schwimmernadelventil überprüfen; sie muss eine Stärke von 1,5 mm haben; ggf. Dichtung erneuern.
- Eine Korrektur des Schwimmerstandes bei ausgebautem Schwimmer durch das Verbiegen der Nase vornehmen. Wird diese in Richtung Schwimmernadelventil gebogen, erhöht sich der Schwimmerstand. Beim Biegen in umgekehrter Richtung senkt sich der Schwimmerstand. Beim Biegen der Nase darauf achten, dass diese senkrecht auf die Schwimmernadel drückt. Die beiden Feststoffschwimmer müssen waagerecht zur Messlehre stehen, ggf. nachjustieren.
- Ausgleichselement mit Kraftstoffdüse, Druckfeder und Schwimmerkammer in umgekehrter Reihenfolge einbauen und dabei den Dichtring der Schwimmerkammer erneuern.
- Gummidichtung im Ausgleichsbehälter prüfen und ggf. eine neue Dichtung einbauen.

Luftkolben und Düsennadel

Der Ausbau des Luftkolbens kann bei eingebautem Vergaser erfolgen.

- Die Zylinderschrauben aus dem Vergasergehäuse herausdrehen und den Vergaserdeckel abnehmen.
- Die Druckfeder des Luftkolbens abnehmen. Luftkolben mit Düsennadel und Unterdruckmembran zusammen aus dem Gehäuse herausziehen.
- Die Zylinderschrauben aus der Haltescheibe herausdrehen und die Haltescheibe mit der Unterdruckmembran abnehmen.
- Schaftschraube der Düsennadel lösen und Düsennadel herausziehen.

Einbau der Vergaseranlage

- Die Düsennadel in die Bohrung des Luftkolbens einschieben, bis das Kunststoffplättchen bündig mit dem Boden des Luftkolbens abschließt.
- Die Unterdruckmembran passgenau auf den Luftkolben aufsetzen. Der Wulst am Rand muss genau in die Rille und die

Fixiernase in die dafür vorgesehene Vertiefung im Luftkolben hineinragen.

- Danach die Haltescheibe aufsetzen und festschrauben.
- Nun Unterdruckmembran mit Luftkolben in das Vergasergehäuse einsetzen. Darauf achten, dass der andere Wulstrand in die dafür vorgesehene Rille und in die Vertiefung des Vergasergehäuses passgenau eingesetzt wird.
- Die Ausgleichsbohrungen des Luftkolbens müssen beim Einbau in Richtung Drosselklappe zeigen.
- Druckfeder einsetzen und danach den Vergaserdeckel so aufsetzen, dass die darauf befindlichen Markierungen mit denen am Vergasergehäuse übereinstimmen. Vorsicht! Um ein Herausspringen der Fixiernase zu verhindern, darf der Vergaserdeckel nicht gedreht werden.
- Abschließend die Zylinderschrauben zur Befestigung des Deckels über Kreuz anziehen.

Beschreibung der Bosch K (A)-Jetronic Einspritzanlage

Beispiel 280 GE, Baureihe W 460

Wegen der teilweise aufwändigen Messtechnik sind Arbeiten an Einspritzanlagen meistens ein Fall für den Bosch-Dienst oder die Mercedes-Werkstatt. Damit eventuelle Ursachen von Fehlfunktionen vorab analysiert werden können, hier ein Überblick der Funktionsweise der K-Jetronic. Es gibt zwar mehrere Varianten dieser Einspritzanlage, aber vom Funktionsprinzip her sind alle gleich. Die Benzinpumpe sorgt für einen Druck von ca. 5 bar, der auch permanent vor der Einspritzanlage anliegt. So spart man sich den zusätzlichen Antrieb, den Einspritz-Anlagen normalerweise haben. Damit ist auch schon das „A" im Namen erklärt: A = Antriebslos. Kraftstoff wird kontinuierlich zugeteilt. Er wird unabhängig von der Ventilstellung (offen oder geschlossen), ob der einzelne Kolben gerade arbeiten muss oder nicht, unabhängig von der Position des Motors, fortwährend vor die Einlassventile gespritzt. Also K = Kontinuierlich.

Damit nicht zu viel Treibstoff ankommt, wird die angesaugte Luftmenge gemessen. Dafür gibt es den Luftmengenmesser. Handelsüblicher Kraftstoff verbrennt ideal bei einem Mischungsverhältnis von 14:1. 14 Teile Luft kommen auf einen Teil Kraftstoff (gemessen wird in Gewichtseinheiten). Der Luftmengenmesser (der große Trichter), geht beim Ansaugen der Luft nach unten und bewegt dadurch einen Kolben, der die Durchflussmenge des Kraftstoffs regelt. Im Unterschied zu anderen Methoden wie z.B. der Luftmassenmessung benötigt man zur genauen Bemessung der Kraftstoffmenge noch einen Temperaturfühler. Schließlich ist kalte Luft schwerer als warme, da die Masse bei gleichem Volumen mit sinkender Temperatur immer

▲ *Bei der Suche nach Fehlern an der KA-Jetronic Einspritzanlage zunächst die Treibstoffleitungen oben am Mengenteiler abbauen. Zunächst überprüfen, ob beim Startversuch Benzin ankommt. Wenn schon an der Eingangsleitung kein Benzin ankommt, liegt der Fehler vermutlich an der Benzinpumpe. Kommt Benzin an, wird aber nicht weiterverteilt, liegt der Fehler im Mengenteiler.*

▲ *Wenn sich die Staudruckscheibe des Luftmengenmessers ohne Widerstand nach unten drücken lässt, ist der Kolben des Mengenteilers eingeklemmt. Das passiert häufig, wenn das Auto über längere Zeit gestanden hat. Der Mengenteiler muss zur Kontrolle abgebaut werden.*

▲ *Nach dem Lösen der Benzinleitungen werden die Befestigungsschrauben herausgedreht. Sind diese entfernt, vorsichtig den Mengenteiler mit einem Schraubendreher anheben.*

▲ *Gleichmäßig mit dem Schraubendreher um den Mengenteiler herum anhebeln und diesen dann gerade hochziehen.*

▲ *Hier ist deutlich zu sehen, dass der Kolben eingeklemmt ist, normaler Weise müsste er herausstehen.*

▲ *Im Loch ist der Schieber für den Kolben zu sehen.*

▲ *Den eingedrückten Kolben mit Benzin befeuchten und herausziehen.*

▲ *Ist der Kolben ausgerückt – wie hier zu sehen – und lässt er sich leicht bewegen, kann alles wieder zusammen gebaut werden.*

▲ *Wichtige Komponenten der K-Jetronik: Der Drosselklappenstutzen mit Drosselklappe (oben links) sitzt im eingebauten Zustand auf dem Luftmengenmesser. Warmlaufregler (oben rechts), Zusatzluftschieber (unten rechts) mit Kühlwassertemperaturfühler und Startventil regeln den Kaltstart.*

▲ *Zunächst die Befestigungsschrauben wieder einsetzen und anziehen.*

▲ *Darauf achten, dass kein Schmutz in die Öffnungen gerät.*

▲ *Beim Ansetzen der Leitungsschrauben vorsichtig arbeiten, um die Gewinde nicht zu beschädigen.*

▲ *Anschließend werden die Benzinleitungen wieder befestigt. Beim Anziehen der Muttern Vorsicht walten lassen.*

größer wird und sich dadurch natürlich das Mischungsverhältnis ändert. Druckspeicher, Kraftstoffmengenteiler und Warmlaufregler sorgen für die einwandfreie Funktion der Einspritzanlage.

Beschreibung des Warmlaufreglers (bei Benzineinspritzung)

Die Warmlaufanreicherung erfolgt durch den Warmlaufregler. Er senkt bei kaltem Motor in Abhängigkeit von der Motortemperatur den Steuerdruck und bewirkt eine größere Öffnung der Steuerdrosseln. Zu Beginn der Warmlaufphase (nach dem Kaltstart) kondensiert noch ein Teil des eingespritzten Kraftstoffs in den Saugrohren und an den Zylinderwänden. Dadurch könnten Verbrennungsaussetzer auftreten. Das Luft-Kraftstoffgemisch muss daher während des Warmlaufs angereichert werden. Dabei wird bei steigender Motortemperatur die Anreicherung kontinuierlich verringert, um eine Überfettung des Gemisches bei höheren Motortemperaturen zu verhindern. Diese Gemischregelung für den Warmlauf wird über den Steuerdruck der Einspritzanlage vom Warmlaufregler (Steuerdruckregler) vorgenommen.

Dieser wird so am Motor angebracht, dass er dessen Temperatur annimmt. Zusätzlich wird der Warmlaufregler elektrisch beheizt. Durch die elektrische Heizung kann der Warmlaufregler genau auf die Charakteristik des Motors abgestimmt werden. Er besteht aus einer federgesteuerten Flachsitzmembran und einer elektrisch beheizten Bimetallfeder. In kaltem Zustand wirkt die Bimetallfeder gegen die Ventilfeder und verringert dadurch die wirksame Federkraft auf die Membranunterseite des Ventils. Der Absteuerquerschnitt des Ventils ist dann etwas weiter geöffnet, wodurch mehr Kraftstoff aus dem Steuerdruckkreis abgesteuert wird und damit der Steuerdruck niedrig ist.

Ab Startbeginn wird die Bimetallfeder elektrisch und durch den Motor erwärmt. Sie biegt sich und verringert dabei die Gegenkraft auf die Ventilfeder. Die Wirkung der Ventilfeder auf das Flachsitzventil nimmt dadurch zu. Das Flachsitzventil verkleinert den Absteuerquerschnitt, wodurch sich der Druck im Steuerdruckelement erhöht.

Die Warmlaufanreicherung ist beendet, wenn die Bimetallfeder völlig von der Ventilfeder abgehoben hat. Durch die nun ausschließlich wirkende Ventilfeder wird der Steuerdruck auf seinen Normalwert geregelt. Der Steuerdruck beträgt beim Kaltstart etwa 0,5 bar und bei warmem Motor etwa 3,7 bar.

ABSCHNITT FÜNF

GETRIEBE

Ein ebenfalls lebenswichtiges Bauteil eines Autos ist das Getriebe. Und das G-Modell besitzt gleich zwei davon. Zusätzlich zum normalen Schalt- oder Automatikgetriebe findet sich beim G nämlich noch das Verteilergetriebe. Beide Schaltwerke wollen natürlich regelmäßig gewartet werden. Die Lebensdauer der Getriebe hängt sehr stark davon ab, wie der Fahrer sein G-Modell im Fahrbetrieb behandelt. Besonders das Verteilergetriebe kann im Fall einer Fehlbedienung einen schnellen Tod sterben.
Es kommt aber auch in „Fachwerkstätten" oft zu Fehldiagnosen, wenn es um Getriebeschäden geht. Da wird schnell mal ein Getriebe getauscht, um später festzustellen, dass nur eine Kardanwelle defekt war. Tipps zum richtigen Umgang und für eine optimale Wartung finden Sie im folgenden Kapitel.

▲ *Das Rückgrat des Mercedes G bilden zwei stabile Querträger, zwischen denen Motor und das Schaltgetriebe sowie das Verteilergetriebe untergebracht sind. Die Getriebe sind über eine kurze Kardanwelle verbunden.*

Sämtliche im G verbauten Getriebe stammen von den bekannten Mercedes-Benz Pkw- und Transporterbaureihen ab. Die Automatikgetriebe verfügen bis zum Produktionsmonat August 1990 alle über eine Sekundärpumpe, die das Anschleppen des Fahrzeugs ermöglicht. Die Getrag-Fünfgangschaltbox (mit Alugehäuse) im 280 GE und 300 GD (W 460) ist das anfälligste unter den G-Getrieben. Dagegen sind die Vierganggetriebe im W 460 ebenso simpel wie robust und für kleines Geld auf jedem Schrottplatz zu bekommen. Lediglich die Synchronringe verabschieden sich ab einer Laufleistung von 250.000 Kilometern. Das Fünfganggetriebe aus dem Transporter (207 D-410) hat einen kurzen 1. Gang, der 5. ist, wie der 4. im Vierganggetriebe, direkt übersetzt. Der kurze erste Gang ist ideal zum Kriechen im schweren Gelände und bei Verwendung von extrem großen Reifen (33 oder 35 Zoll).

Ursachentabelle, Bedienfehler Verteilergetriebe

Das Mercedes G-Modell ist von Haus aus besser für extreme Geländeeinsätze ausgerüstet als jedes andere Auto auf der Welt. Zusätzlich zu den aus den SUV-Fahrzeugen bekannten elektronischen Geländefahrhilfen ESP und 4ETS verfügt der G über ein einzigartiges vollsynchronisiertes Untersetzungsgetriebe (das VG 150) und drei Differenzialsperren. Diese einzigartige Kombination aus elektronischen und mechanischen Traktionshilfen will aber auch fachgerecht bedient werden. So sollten die Sperren niemals auf befestigen Straßen benutzt werden und vor allem die Vorderachssperre sollte, sobald ausreichend Traktion vorhanden ist, sofort wieder entriegelt werden. Gerade bei neueren leistungsstarken G-Modellen kommt es auch häufig zu Schäden am Verteilergetriebe durch Fehlbedienung.

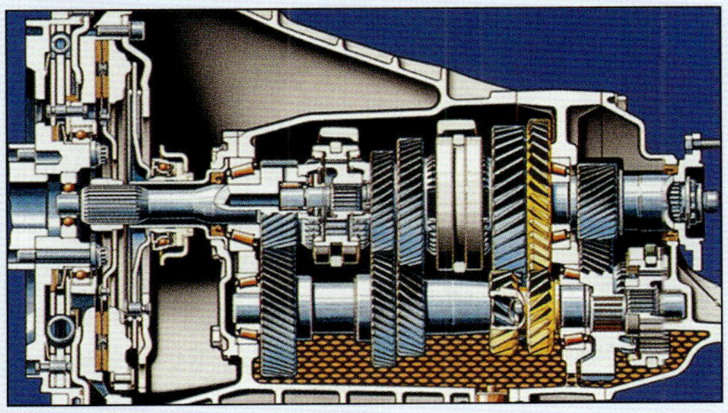

▲ *Manuelle Schaltgetriebe wurden im G nur bis 1995 (W 463) bzw. 1997 (W 461) eingebaut. Seitdem werden nur noch Fahrzeuge mit Automatikgetriebe angeboten.*

▲ *Einblick auf die drei Wellen des VG 150: Das vollsynchronisierte, sperrbare Verteilergetriebe ist das wichtigste Bauteil der Allradtechnik im G.*

▲ *Genial und kompakt: das Verteilergetriebe VG 150*

▲ *Dieses VG 150 besitzt noch einen Schalthebel, er ragt oben aus dem Getriebe heraus.*

▲ *Hier auf der Vorderseite des VG 150 ist der Flansch der Eingangswelle vom Motor (rechts oben) und der Flansch der Ausgangswelle zur Vorderachse (links unten) zu erkennen.*

Kleine Ursache – große Wirkung: Eine defekte Membrane in diesem Verteilergetriebe eines W 463 (320 GE) sorgte dafür, dass sich die Differenzialsperre des VG nicht mehr schalten ließ. Nach dem Lösen der sieben Befestigungsschrauben kann der Deckel abgenommen werden und die Membrane ausgetauscht werden. Um bei Bedarf die Getriebeausgangswelle (Richtung Vorderachse) auszubauen, werden auch noch die restlichen 5 Schrauben des Gehäuses entfernt. Die Getriebeausgangswelle wird eigentlich nur beim Zerlegen des Getriebes ausgebaut, um an die einzige wirklich verwundbare Stelle des VG 150 zu gelangen, die Ausgleichswelle im Getriebe.

▲ *Hier ein Automatikgetriebe eines 300 GE (W 463), die Automatikgetriebeölwanne ist wegen Beschädigung durch Aufsetzen durchgerostet!*

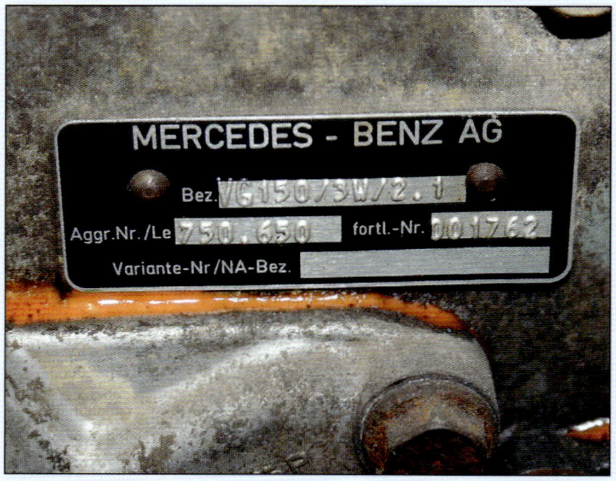

▲ *Das kleine Typenschild am VG 150 gibt die Übersetzung an. In diesem Fall: 650 für die 1 0er Übersetzung.*

▲ *Wandler des Automatikgetriebes eines 300 GD (W 460)*

Der Verteilergetriebe-Ausgleich (beim W 463) wird beschädigt, wenn folgende Punkte nicht beachtet werden (WIS AF28.10-P-3100A):

1. Im Gelände, auf Schnee oder Eis festgefahrenes Fahrzeug befreien
Längssperre (mittlere Sperre) vorher zuschalten!

2. Fahren mit Schneeketten auf einer Achse
Längssperre (mittlere Sperre) vorher zuschalten oder Schneeketten an allen vier Rädern verwenden.

3. Feinwuchten der Räder am Fahrzeug (Finishbalance)
Fahrzeug vollständig angehoben, alle Sperren eingelegt, Laufräder mit Fahrzeugmotor antreiben.

4. Abschleppen mit einer angehobenen Achse
Gelenkwelle der getriebenen Achse ausbauen (auf die M8-Schrauben im Flansch M10-Muttern als Abstandshülse aufstecken und mit M8-Muttern festschrauben.)

5. Fahren auf dem Leistungsprüfstand (nicht Allradprüfstand)
Vorderachs-Gelenkwelle ausbauen, mittlere Sperre betätigen!

6. Fahren auf dem Bremsenprüfstand
Zulässig sind max. 60 Sekunden pro Achse und eine max. Trommelgeschwindigkeit von 6 km/h (DC-Prüfstände). Das Einbremsen von Bremsbelägen/Reinigen von Bremsscheiben auf dem Prüfstand ist nicht zulässig.

7. Fahren im Stand mit angehobener Hinterachse
Vorderachs-Gelenkwelle ausbauen (siehe Punkt 4)

8. Fahren im Stand mit angehobener Vorderachse
Hinterachs-Gelenkwelle ausbauen (siehe Punkt 4)

Beim schnellen Beschleunigen mit Fahrzeugen ohne 4ETS der Baujahre bis 2000 kann es bei leistungsstarken Motoren vor allem in Kurven zum „Burnout" kommen. Dabei dreht das kurveninnere Vorderrad so stark durch, dass dort die Traktion im blauen Rauch des Gummiabriebs vom Vorderrad zusammenbricht. Solche Beschleunigungsorgien ohne zugeschaltetes Zentraldifferenzial verkürzen das Leben des Verteilergetriebes erheblich.

Wartung Getriebe und Automatik

Alle 60.000 km sollte das Getriebeöl gewechselt werden. Vor dem Arbeitsbeginn besorgt man sich beim Automatikgetriebe folgende Teile:

- Dichtung
- Ölfilter
- Dichtring
- 8 Liter ATF IID

Sobald das Getriebeöl warmgefahren ist, lässt man es ab. Dazu hat die Ölwanne rechts (auf der Beifahrerseite) eine Ablassschraube. Läuft kein Öl mehr aus dem Getriebe, dreht man die Schraube mit dem neuen Dichtring wieder fest (Anzugsmoment: 14 Nm) hinein und baut die Ölwanne ab. Vorsicht, es ist noch restliches Öl in der Wanne! Nun ist der Getriebeölfilter zugänglich. Dieser ist mit drei Kreuzschlitzschrauben gesichert. Hierbei bitte aufpassen, da ein Dichtring des alten Filters kleben bleiben könnte.

Sitzt der frische Filter fest und sicher, wird die Ölwanne mit einem sauberen und fusselfreien Tuch ausgewischt und mit einer neuen Dichtung wieder montiert. Die Schrauben dabei nicht zu fest anziehen (8 Nm), sonst verzieht sich die Ölwanne. Nun wird das Öl aus dem Wandler abgelassen. Steht der Wandler ungünstig, kann man durch die unteren Löcher an den Zahnkranz heran und mit einem geeigneten Schraubendreher den Wandler in kleinen Schritten drehen, bis die Ablassschraube gut erreichbar ist.

Ist alles Öl heraus gelaufen, Schraube wieder hinein drehen (14 Nm) und zunächst gut die Hälfte der in der Betriebsanleitung angegebenen Menge ATF-Öl durch das Peilstabrohr einfüllen. Dann den Motor kurz laufen lassen, damit sich der Wandler mit Öl füllt. Erst dann weiter ATF einfüllen. Nach Einfüllen der in der Betriebanleitung angegebenen Menge den Füllstand prüfen. Dazu Motor starten, langsam alle Fahrstufen durchschalten, Hebel zurück auf P und bei laufendem Motor Ölstand kontrollieren und bei Bedarf weiteres Öl nachfüllen.

Falls zu viel ATF eingefüllt worden ist, kann dieses bei hoher Öltemperatur aus dem Peilrohr austreten und sich am heißen Krümmer entzünden. Korrekte Füllmengen unbedingt einhalten.

ALLRADTECHNIK

Die Allradtechnik des G ist weltweit einzigartig und in ihrer Perfektion bislang unerreicht. Zu den technischen Besonderheiten zählen unter anderem ein während der Fahrt schaltbares vollsynchronisiertes Verteilergetriebe (alle G-Modelle) mit sperrbarem Mitteldifferenzial (W 463), zwei 100-%-Achssperren (alle G-Modelle) und eine elektronischen Traktionskontrolle 4ETS (neuer W 463). Das Ganze eingebettet in einen ultrastabilen Leiterrahmen mit zwei massiven Starrachsen an Schraubfedern. Vor allem die serienmäßigen Differenzialsperren unterscheiden den G von anderen Geländewagen. Lesen Sie im folgenden Abschnitt mehr über die Technik, die dafür sorgt, dass es für den G nur wenig unüberwindbare Hindernisse gibt.

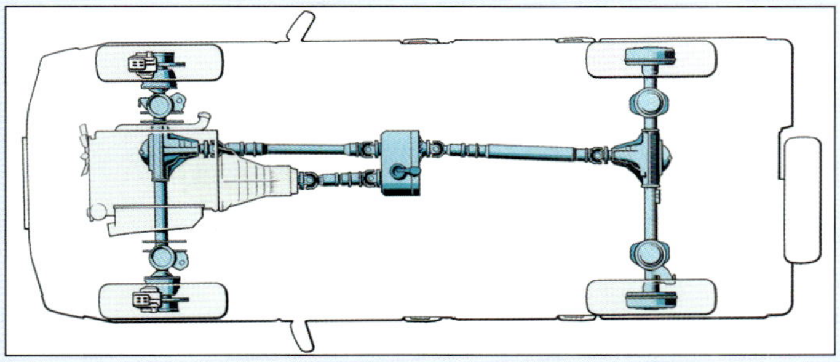

▲ *Die Allradtechnik des W 463 besteht aus einem permanenten Allradantrieb, dessen beiden Achsdifferenziale nach rechts versetzt sind, um in der Mitte des Fahrzeugs eine höhere Bodenfreiheit zu erreichen. Herzstück ist das Verteilergetriebe VG 150.*

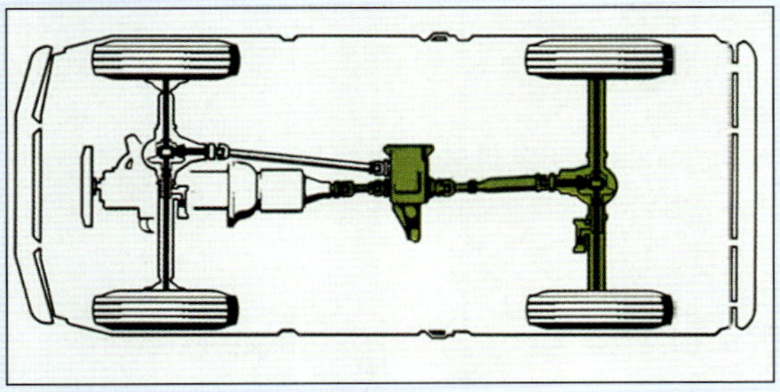

▲ *Der Allradantrieb des W 460 ist zuschaltbar. Im Normalbetrieb verfügt das Fahrzeug nur über Heckantrieb. Das Hinterachsdifferenzial ist beim W 460 mittig angeordnet.*

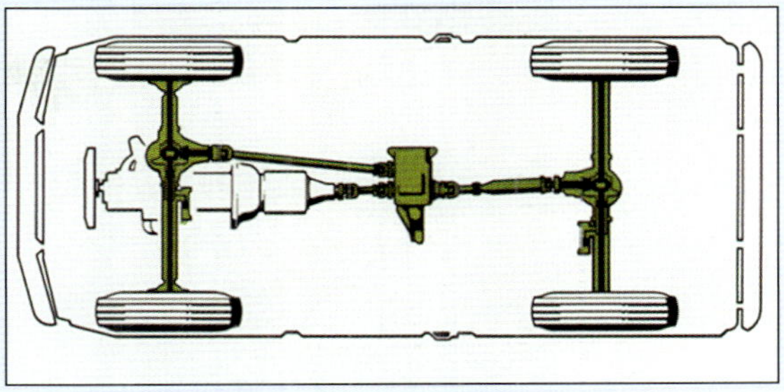

▲ *Bei Fahrten im Gelände oder auf unbefestigten Wegen wird der Vorderradantrieb zugeschaltet. Beim W 460 liegen die Kardanwelle von Motor und die Kardanwelle vom Verteilergetriebe zur Hinterachse in einer Linie.*

Die Allradtechnik des G-Modells ist sehr aufwändig. Im Gegensatz zu anderen Geländewagen gibt Mercedes-Benz sich beim G nicht mit elektronischen Traktionskontrollen zufrieden. Der G verfügt zusätzlich über Differenzialsperren im Verteilergetriebe (nur W 463), in der Hinterachse und in der Vorderachse. Damit benötigt nur ein Rad Traktion, damit man den Geländewagen aus verfahrenen Situationen befreien kann.

Differenzialsperren: Fehlersuche, Ein- und Ausbau

1. Grundlagen

Rastet die Sperre nicht ein (Kontrolllampe leuchtet nicht) oder springt nach wenigen Minuten wieder heraus (Lampe erlischt), kann es am Sperrenzylinder liegen (oder an der Sperrenbetätigung).

Bei den ersten G-Baureihen, also den Modellen W 460, W 461, W 462, wurde die Differenzialsperre mechanisch durch Hochziehen eines Hebels betätigt. Ein Geberzylinder erzeugte den hydraulischen Druck für den Sperrenzylinder. Ein 12-V-Lämpchen wird dann über den Kontrollschalter am Sperrenzylinder bei eingerasteter Sperre eingeschaltet.

Später, bei der Baureihe W 463, erfolgte die Steuerung der Sperren elektrisch durch Kippschalter (ab 3/94 Tastschalter). Der Tastschalter-Block (Bedienteil) enthält das Steuergerät für die Sperren und je eine gelbe (unten, Einschaltkontrolle) und rote (oben, Funktionskontrolle) Leuchtdiode (ab 3/94). Im Bild (siehe S.44 unten) sind alle Sperren angewählt, aber noch nicht eingerastet. Dazu muss das Fahrzeug erst etwas gefahren werden (Klauen müssen verzahnen). Die drei Sperren lassen sich nur in folgender Reihenfolge zuschalten: Verteilergetriebe, Hinterachse, dann erst Vorderachse. Das ABS wird beim Schalten der Zentralsperre (Verteilergetriebe) vom Steuergerät deaktiviert.

30 Sekunden lang versorgt ein Zeitrelais das Bedienteil noch mit Spannung, falls der Motor „abgewürgt" wurde (rote Kontroll-LED ist dann erloschen). Die Sperren bleiben eingerastet, da das System noch nicht belüftet wird.

Ausbau des Sperren-Tastenblocks:

Der Tastenblock ist mit vier Clips in das Lüftungsgitter nur eingedrückt und kann vorsichtig an diesen Stellen herausgehebelt werden.

Unterdruck für die Sperre:

Beim Benziner ist noch eine zusätzliche elektrische Unterdruckpumpe für die Sperrenbetätigung vorhanden, da der Saugrohrunterdruck nicht ausreichend ist. Plusansteuerung

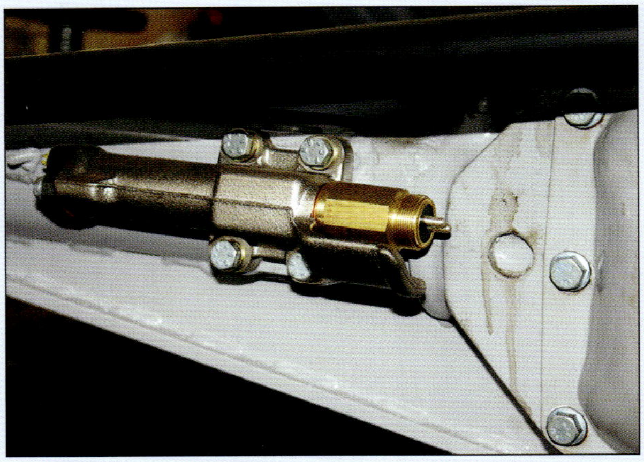

▲ *Der Sperrenzylinder (W 463) an der verstärkten (unterschweißten) Hinterachse eines Rallye G.*

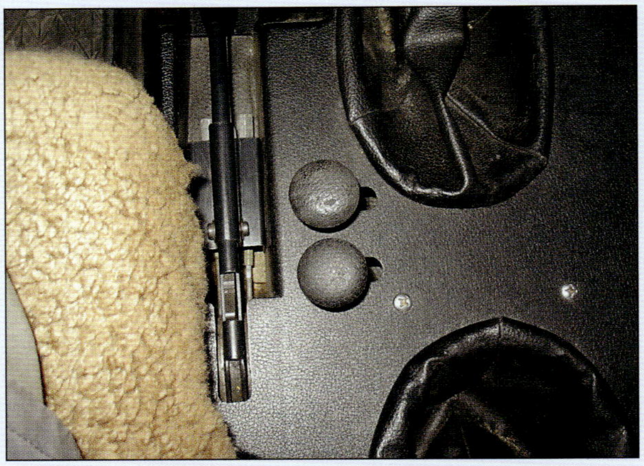

▲ *Die Zughebel der Differenzialsperren beim W 460 / W 461 müssen sehr kräftig noch oben gezogen werden, damit sie schalten.*

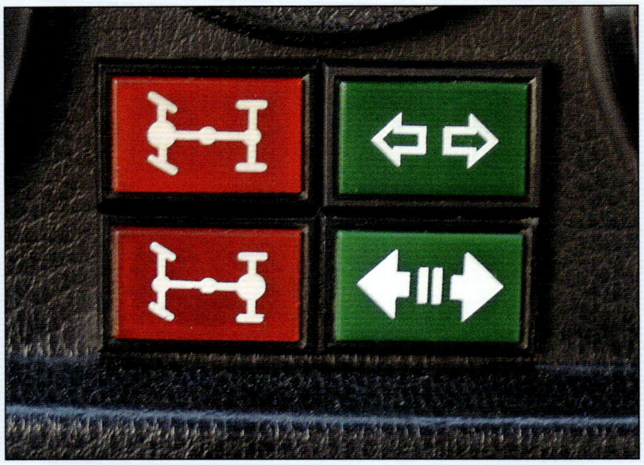

▲ *Die Kontrollleuchten für die Sperren beim W 460 leuchten erst beim Einrücken der Sperren auf.*

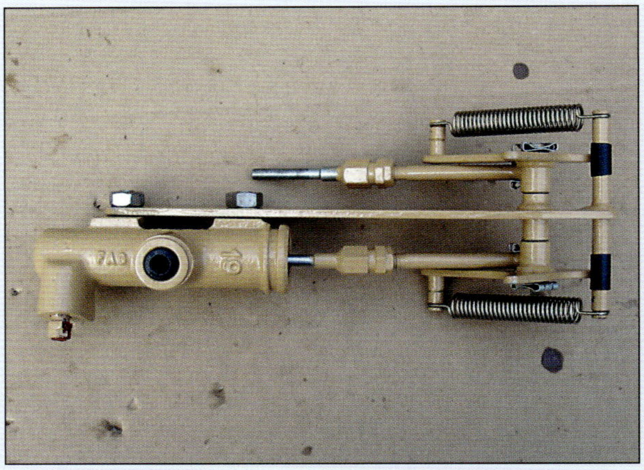

▲ *So sieht die Mechanik unter den Zugknöpfen beim W 460 aus: der Differenzialsperrengeberzylinder mit dem Betätigungsgestänge.*

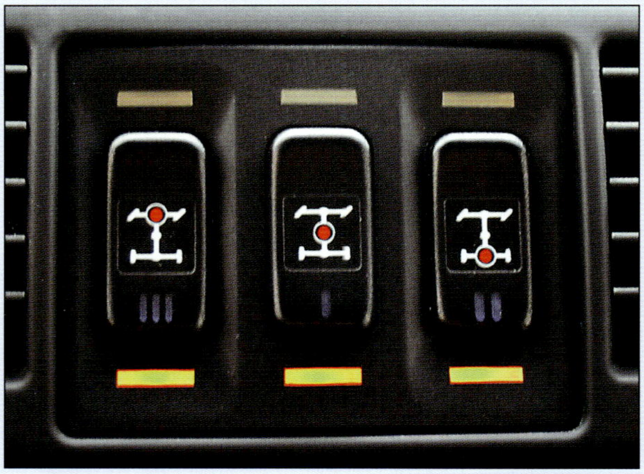

Hier die Sperrenbetätigungsknöpfe des W 463 (neue Anordnung ab Baujahr 1998). Sie leuchten gelb beim Betätigen und rot beim Einrücken der Sperren.

▲ *Das Herzstück des Allradantriebs der G-Klasse ist das Verteilergetriebe. Von hier aus wird die Kraft an die Hinterachse und im Bedarfsfall an die Vorderachse geleitet.*

▲ *Sperrenkontrollschalter und Stecker Vorderachse*

▲ *Diese Hülle soll den Sperrenschalterstecker vor Schmutz schützen, kann bei Bedarf auch nachträglich mit Silikon oder ähnlichem abgedichtet werden damit keine Feuchtigkeit eintritt.*

▲ *Stecker vom Sperrenkontrollschalter gummiert ohne Hülle*

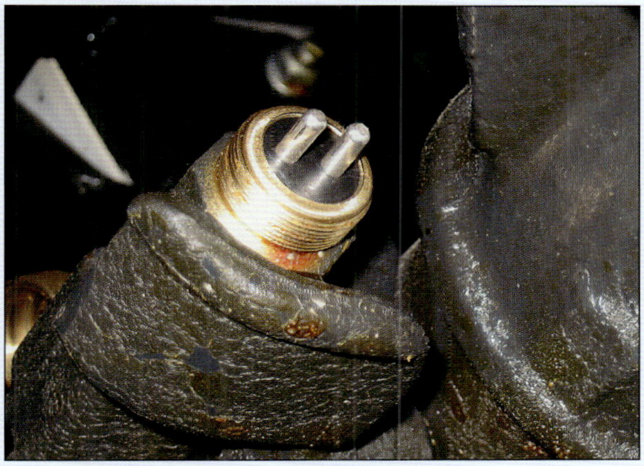

▲ *Sperrenkontrollschalter an der Achse*

▲ *Ein Sperrenkontrollschalter findet sich auch am Verteilergetriebe ...*

▲ *... hier mit abgezogenem Stecker in Nahaufnahme*

◀ *Hier ist der Unterdruckspeicher für die Sperrenbetätigung zu sehen (beim G55 AMG im linken Kotflügel).*

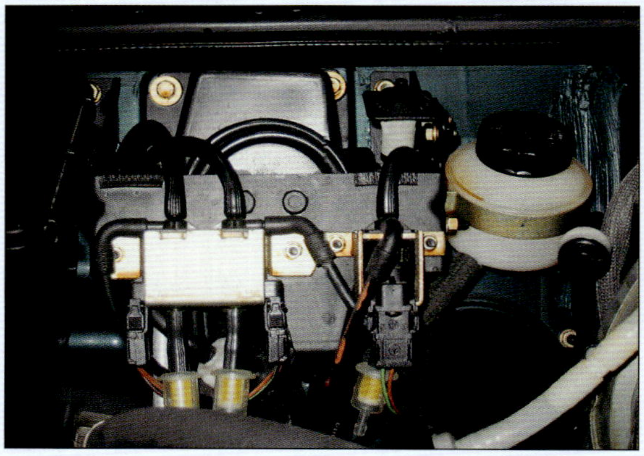

▲ *Die Relaisanordnung für Sperrenbetätigung an der Spritzwand und Vorratsbehälter für Sperrenhydraulik (in Fahrtrichtung vorne links).*

▲ *Das Abdeckblech für den Druckumsetzer der Differenzialsperren am Rahmen links vor dem Verteilergetriebe.*

erfolgt über das Bedienteil und ein Zeitrelais. Die Massesteuerung erfolgt über den Membran-Druckschalter (Vorratsdruck geringer als 0,4 bar). Die Pumpe läuft solange, bis ein Vakuum größer als 0,6 bar erreicht ist.

Ein Reservoir für den Unterdruck ist im linken Innenkotflügel angeordnet (Pfeil A: schwarze Doppelkugel Nr. A 1238001219. Der Pfeil B zeigt auf die elektrische Luftpumpe für die Nachverbrennung in den Auslasskanälen).

Über Elektroventile gelangt Unterdruck (0,4 bar) zum Druckumsetzer für die beiden Sperren. Dadurch wird ein hydraulischer Druck (15 bar) aufgebaut, der den Sperrenzylinder betätigt. Zum Lösen der Sperre schließt das Ventil, der Druckumsetzer und die Elektroventile werden über Filter belüftet.

Die oberen Leitungen versorgen die drei Ventile mit Unterdruck. Die linke, seitliche Leitung führt vom Ventilblock zum Druckumsetzer für die hintere Sperre, die rechte zum Druckumsetzer für die vordere Sperre. Die Sperre am Verteilergetriebe wird allein durch Unterdruck betätigt.

Auf der Innenseite des linken Rahmenholms beim G 270 CDI befinden sich die beiden Druckumsetzer. Sie sind durch eine Blechplatte geschützt. Diese ist mit drei Blechschrauben befestigt.

Prinzip der 100%-Sperre

Damit die Klauen der Schaltmuffe in die Klauen des Tellerrades im Differenzial fassen können, müssen beide Räder einer Ach-

se einen geringfügigen Drehzahlunterschied aufweisen. Die linke Steckachse besitzt eine zweite Kerbverzahnung für die Schaltmuffe. Bei eingerasteter Sperre ist nun das Tellerrad starr mit der Steckachse verbunden.
Wer bei Vollgas und durchdrehendem Rad die Sperre betätigt, schert unweigerlich die Klauen ab! Das ist dann ein veritabler Totalschaden von Schaltklaue und Tellerrad des Differenzials! Bei neueren Fahrzeugen der Baureihe W 463 wird das durch die Sperrenansteuerung verhindert.

2. Sperre testen

Die Differenzialsperren sollte man nie auf einer geteerten, asphaltierten Straße einschalten, sondern nur auf weichem Untergrund, z. B. auf einem Kiesweg. Manchmal muss man mehr als 20 m in Schlangenlinie fahren, bis ein Drehzahlunterschied zwischen den Rädern einer Achse besteht und die Sperre einrastet. Noch einmal: Wer erst bei Vollgas und durchdrehendem Rad die Sperre betätigt, schert die Klauen ab! Lenken bei eingerasteter vorderer Differenzialsperre ist fast nicht möglich!
Die Funktionstüchtigkeit der Sperren kann man auch z. B. zuhause vor der Garage oder auf der Hebebühne testen:

a) zuschaltbarer Allradantrieb (bei allen W 460 und W 461 bis 2002)

Rechtes Rad (vorne oder hinten) aufbocken (Wagen gegen Wegrollen sichern), die entsprechende Sperre einlegen und das Rad etwas drehen, bis die Sperre einrastet und die Kontrollleuchte aufleuchtet. Dann Sperre lösen – die Kontrollleuchte muss nun erlöschen. Sperre über Nacht eingerastet lassen, am nächsten Tag muss die Kontrolllampe noch leuchten, sonst sind die Manschetten im Geber oder Nehmerzylinder defekt.

b) permanenter Allradantrieb (bei alle W 463 und W 461 ab 2002)

Rechtes Rad aufbocken (Wagen gegen Wegrollen sichern), die mittlere Sperre I betätigen (gelbe Anzeige, Automatikgetriebe in N-Stellung, beim W 463 (Unterdruck) muss der Motor laufen). Rad etwas drehen, Verteilergetriebe-Sperre rastet ein, rote Anzeige. Motor ausschalten, innerhalb von 30 Sekunden lässt sich die Sperre wieder einschalten (Zeitverzögerung)!

Hinter- oder Vorderachse aufbocken und Sperre I, dann Sperre II oder III betätigen. Die Kardanwelle ist durch eine am Boden stehende Achse und durch die Verteilergetriebesperre blockiert. Dreht sich das eine Rad der entlasteten Achse, dreht sich das andere durch die Einwirkung des Differenzials in entgegengesetzter Richtung, bis die Sperre einrastet. Eventuell muss ein Rad festgehalten werden, damit die Sperre einrasten kann (rote Anzeige). Im Display erscheint die dazugehörige Meldung.

▲ *Massiv: Kegel- und Tellerrad aus dem Differenzial eines W 460.*

Ölwechsel am Differenzial

Beim Baumuster 463.270 mit Motor Typ 113.993 (G55 AMG) muss einmalig nach 3000 km das Öl im Differenzial der Vorder- und Hinterachse gewechselt werden (AMG-spezifisch). Vorgeschrieben ist Castrol SAF-XJ SAE 75W-140, A 0019895203-10, Füllmengen: 1,4 l (vorne) und 1,8 l (hinten), siehe SI00.20-P-0025A.

3. Gefahr der Zerstörung des Differenzials im Verteilergetriebe

Das Differenzial im VG (Verteilergetriebe-Ausgleich) ist durch die verwendeten Gleitlager nur für geringe Drehzahlunterschiede ausgelegt. Ist der Wagen festgefahren und die mittlere Sperre (VG) wird nicht sofort eingesetzt, kann es bei längeren Befreiungsversuchen mit viel Gas und durchdrehenden Rädern zu größeren Drehzahlunterschieden zwischen Vorder- und Hinterachse im Differenzial und in der Folge zur Zerstörung des Differenzials kommen (siehe AF28.10-P-3100A).

Radlager und Antriebswellen

Austausch der Antriebswellen

Alte Achse (bis Modelljahr 1983)

Bei den ersten Hinterachswellen hält ein Schrumpfring das Lager. Für die Differenzialsperre besitzt die linke Hinterachswelle eine zweite Kerbverzahnung für die Schaltmuffe. Da der Schrumpfring (A 6013575151) nicht mehr erhältlich ist, muss er

▲ *Die Antriebswelle (Radende) mit Lager und Schrumpfring von der Hinterachse eines W 460.*

▲ *Eine Antriebswelle (Differenzialende) von der Vorderachse eines W 460 (bis Baujahr 1982) mit Laufring.*

aus unlegiertem Baustahl E335 nachgedreht werden. Maße: innen 44,866 bis 44,852 mm, außen 66 mm; Breite: 16 mm, Kanten zum Lager angefast, Abpress-(Prüfdruck): 210 Nm.
Neue Achse (ab Modelljahr 1984 A 4603502200 / 741.503 Perrot 7512072)

Tausch der Hinterachsantriebswellen

Wenn in den Lagern der Hinterachswellen nach einiger Zeit zu viel Spiel vorhanden ist, kann man Letztere durch die Ausführung mit Nutmutter (ab Achs-Nr. 7518 896) ersetzen. Der Austausch geht sehr einfach vonstatten. Übrigens kann das Radlagerspiel nicht gesondert eingestellt werden, es bleibt nur der Austausch der Lager.
Achtung: Die Nutmutter mit eingedrehter Rille ist linksgängig!

Stauchring und Lager erneuern (rechte Hinterachsantriebswelle)

a) Ausbau

Die Radlager der Hinterachse werden vom Differenzialöl geschmiert. Sind geringe Undichtigkeiten vorhanden, kann das Öl auf der Rückseite der Bremsträgerplatte durch ein kleines Loch nach außen dringen oder es wird in der Bremse verteilt. Wenn Öl austritt, kommen demnach drei Möglichkeiten in Betracht:
a) Dichtung zwischen Lagerdeckel und Hinterachse undicht
b) Radialdichtring im Stauchring/Zellpolyurethanring undicht
c) O-Ring auf Stauchring undicht
Nach dem Abnehmen/Abziehen der Bremstrommel müssen zumindest die untere Rückzugfeder ausgehängt oder gleich die Bremsbacken ausgebaut werden. Dann die sechs Sicherungsmuttern abschrauben und die Welle herausziehen. Die äußere Lagerschale bleibt zunächst im Achstragrohr stecken und kann

▲ *Hier ist die Hinterachse eines W 460 ohne Antriebswelle zu sehen.*

▲ *Die hintere rechte Antriebswelle beim W 460, zu erkennen an der Verzahnung für die Differenzialsperre.*

▲ *Die Antriebswelle eines W 460 (Hinterachse) mit Nutmutter.*

dann mit einem Abzieher oder einem Schlagauszieher herausgezogen werden; oft lässt sie sich auch einfach herausnehmen. Die Hinterachswelle wird nun mittels zweier alter Radschrauben im Schraubstock eingespannt. Mit einem breiteren Durchschlag klopft man die Kerben des Sicherungsblechs zurück und schraubt die Nutmutter ab. Ist sie gängig, kann man sie mit der Hand abschrauben! Andernfalls benötigt man den Klauenschlüssel für die Nutmutter (Nr. W 460589010700) oder man baut ihn selber.

Das alte Radlager einfach mit der Trennscheibe abtrennen oder von der Mercedes-Werkstatt abziehen lassen. Alternativ benötigt man einen speziellen Abzieher, z. B. von Snap-on (Nr CJ951). Zuerst den äußeren Rollenkäfig durchtrennen und abnehmen. In die innere Lagerschale werden vorsichtig zwei Rillen geschnitten, die schräg verlaufen müssen, damit man mit einer kleinen Trennscheibe (stark verschlissene, alte Scheibe) dorthin kommt. Bewährt haben sich 1 mm dünne Edelstahl-Trennscheiben. **Vorsicht:** Nicht zu tief einschneiden, damit die Hinterachswelle nicht beschädigt wird! Dann genügen einige leichte Meißelschläge, um das Lager zu sprengen (zumeist Bruchrisse) und von der Welle zu entfernen. Man könnte die Lagerschale auch seitlich anschleifen.

Mit einem Abzieher, etwa von Snap-on, kann man z. B. auch die innere Lagerschale anheben und dann abpressen.

b) Benötigte Teile

Da das Lager und der Stauchring bei Mercedes-Benz nicht einzeln erhältlich sind, bleibt bloß der Reparatursatz:

Nr. A 6013500468. Er enthält das Lager, den Stauchring, die Sicherung (Nr. A 6013570073), 6 Muttern für den Lagerdeckel (Nr. A 4609900050), den O-Ring (Nr. A 0039976448 (kommt in die Rille des Stauchringes)) und die Dichtbeilage Steckachse (Nr. A 6013575080) zwischen Lagerdeckel (Nr. A 6013575119) und Achse.

Das Lager selbst stammt von Timken (Nr. U460L/U497), Außendurchmesser 80 mm, Innendurchmesser 45 mm.

Einbau

Auf die Hinterachswelle wird als Erstes der Lagerdeckel (Anlagefläche gesäubert!) aufgeschoben. Stauchring einfetten, auch die Dichtlippe wird leicht eingefettet, den Raum zwischen dem Zellpolyurethanring und der Simmerring am besten ebenfalls mit Fett füllen. Der Stauchring kommt mit dem Zellpolyurethanring zuerst auf die Achse. Ein neuer Stauchring ist 28 mm stark (ein ausgebauter hatte nur noch 26,8 mm). Dann den O-Ring in die Rille am Stauchring einlegen (leicht einölen).

▲ *Diese Antriebswelle ist eingespannt zur Radlagermontage.*

▲ *Eine Antriebswelle der Hinterachse mit zerlegtem Radlager (beim Ausbau zerstört).*

▲ *Eine Antriebswelle vom W 460 mit Schrumpfring bis Baujahr 1982 (unten) und eine Antriebswelle mit Mutter ab 1982 (oben).*

▲ *Eine Antriebswelle eingespannt (fixiert) mit neuem Stauchring (ohne Lager).*

Das Lager wird in einem Ölbad erwärmt. Dazu in ein kleines Töpfchen das Radlager, angehängt an einen Draht, legen, mit Motoröl bedecken und auf 130 °C (Öl beginnt leicht zu rauchen) erwärmen. Das heiße Lager (Schutzhandschuhe benutzen!) kann dann mit der gerundeten Kante des Lagerinnenrings (Lagerschale) voran vollständig auf die Hinterachswelle aufgeschoben werden (innere Lagerschale liegt am Bund an der Hinterachswelle an).
Laut altem 240 GD-Handbuch soll das Lager auf 80 °C erwärmt und nachfolgend mit einem Rohrstück (passend zum Lagerinnenring, max. Außendurchmesser 54 mm) sofort aufgetrieben werden. Erwärmt man auf 130 °C, kann das Lager ganz aufge-

▲ *Das Radlager wird vor dem Einbau zur leichteren Montage im Ölbad erwärmt.*

▲ *Die Nutmutter wird mit dem selbstgebauten Nutmutternschlüssel angezogen.*

▲ *Lager wird mit dem Abzieher von Snap-on entfernt.*

▲ *Der untere Radlagering wird nach der Zerstörung des Lagers abgezogen.*

schoben werden. Im WIS (Werkstattinformations-System) steht nur der unspezifische Hinweis, das Lager aufzupressen.
Tipp: Einen alten Lagerinnenring an ein etwa 1 m langes Rohr (Durchmesser: 63 mm, 3 mm Wandstärke) schweißen; ein solches Werkzeug eignet sich hervorragend zum Aufschlagen des Lagers. Die Lagerschale gehört zum Lieferumfang des Lagers und wird vorher in die Achse eingesetzt. Nun kommt die Sicherungsscheibe auf die Hinterachswelle, wobei die glatte Seite zur Nutmutter zeigt. Dabei auf die Aussparung achten. Die Nutmutter wird dann aufgeschraubt, Anzugsdrehmoment 500 Nm. Mittels Meißel wird der Rand der Sicherungsscheibe in beide Nuten so eingekerbt, dass beide Drehrichtungen gesperrt sind. Das Radlager wird mit Fett eingerieben, dabei das Fett intensiv zwischen die Kegelrollen in den Käfig einwalken.
Die Dichtbeilage auf beiden Seiten dünn einfetten und auf die Schrauben schieben, dann die Hinterachswelle einschieben. Die sechs neuen selbstsichernden Muttern über Kreuz langsam und gleichmäßig anziehen, damit der Stauchring nicht einseitig zusammengedrückt wird (Drehmoment 85 Nm).

Zusätzlich benötigte Teile

- Nutmutter (rechtsgängig): Nr. A 601 357 50 26
- Nutmutter (linksgängig): Nr. A 601 357 01 26

Die Nutmutter mit eingedrehter Rille hat Linksgewinde!

- Schraube für Steckachse: Nr. A 460 357 00 71
- Hinterachswelle neu, links: Nr. A 462 350 01 10, rechts: Nr A 462 350 00 10

Werkzeug für die Antriebswelle (Steckachse)

Der Schlüssel für die Nutmutter (Nr. W 460589010700) kostet ca. 50,- Euro.
Für Fahrzeuge der Baureihe W 463 ist der entsprechende Schlüssel Nr. W 601589030700 billiger, ca. 30,- Euro.

Schrumpfring der Antriebswelle (Steckachse) abziehen/aufpressen

Mit einem Schweißbrenner der Größe 4-6 – besser noch 6-9 – gleichmäßig den Ring erwärmen, bis er eine bläuliche Färbung erhält. Dann kann der Schrumpfring mit Hammer und stumpfem Meißel abgetrieben werden. Zum Auftreiben wird der Ring wieder stark erwärmt (Blaufärbung), dann rutscht er von alleine auf den Lagersitz. In heißem Zustand könnte man den Schrumpfring auch mit dem Abzieher abdrücken.
Ein passendes langes Rohr (einen alten Lagerinnenring an ein etwa 1 m langes Rohr (Durchmesser 63 mm, 3 mm Wandstärke) schweißen) hilft beim Auftreiben des Schrumpfrings. Die Sitzfläche muss absolut fettfrei sein. Laut Mercedes-Benz Werkstatthandbuch von 1980 wird zusätzlich noch Loctite 270 aufgetragen. Der Schrumpfring kann auf einer elektrischen Heizplatte bis 550 Grad Celsius erwärmt werden; hierzu ein entsprechendes Messgerät einsetzen. Der Schrumpfring muss einer Abpresskraft von 8 Tonnen standhalten.

Reparaturen an der Vorderachse (Baureihe W 460)

Radlager und Gummimanschette wechseln

Treten beim Lenken im Innenraum hörbare Lagergeräusche auf, sind meistens verschlissene Radlager die Ursache. Unter normalen Betriebsbedingungen sollten die Vorderachs-Radlager rund 150.000 Kilometer halten.

Ausbau der Radnabe

Mit einem Schraubendreher wird die Abdeckkappe abgehebelt und die umgebogene kleine Sicherungslasche in einer Nut der Mutter zurückgeklopft. Mit dem Spezialschlüssel (siehe Abschnitt „Spezialwerkzeug") schraubt man die äußere Nutmutter los bzw. ab.
Leider gibt es inzwischen zwei Ausführungen der Nutmuttern. Notfalls kann man mit einem passenden stumpfen Meißel die Nutmutter (normales Rechtsgewinde) lösen. Die Sicherung hebelt man mit einem Drahthaken heraus. Die innere Nutmutter kann später mit der Hand herausgeschraubt werden.
Dann hebt man die Achse an (immer Unterstellbock verwenden!) und schraubt das Rad ab. Man kann auch zuerst das Rad abschrauben, benötigt dann aber eine Haltevorrichtung für die Radnabe, sonst dreht sich die Gelenkwelle beim Lösen der äußeren Nutmutter mit. Eine geeignete Haltevorrichtung für die Radnabe ist ein U-Profil-Rest, etwas gebogen und ausgeschnitten.
Es folgt die Demontage des Bremssattels, die im Abschnitt „Bremsen" gesondert beschrieben ist. Nach Abschrauben der inneren Nutmutter zieht man die Radnabe einfach heraus.
Falls notwendig, kann man jetzt den Dichtring und den Dichtringhalter erneuern. Der Halter ist nur aufgepresst. Der Dichtring wird vor dem Einlegen beidseitig gefettet.
Der Ausbau des Radlagers (und sein Einbau) erfolgen im Prinzip genauso wie beim Radlager auf der Steckachse der Hinterachse und ist dort ausführlich beschrieben. Hier also nur die Kurzfassung: Entweder Abzieher verwenden oder Lagerring vorsichtig anflexen und mit dem Meißel aufsprengen. Lager vor dem Einbau im Ölbad auf über 100 °C erwärmen und lagerichtig aufschieben (kann mit einem passenden Rohrstück angepresst werden).

▲ *Hier ist die selbst gebaute Radnabenarretierung im Einsatz!*

▲ *Eine Antriebswelle Vorderachse W 460 mit neuer Gummimanschette um das Homokinetische Gelenk.*

▲ *Abgebautes Achsgehäuse (W 460 Vorderachse)*

▲ *Radnabe von Antriebswelle (Vorderachse) abgenommen.*

Achsgehäuse ausbauen

Die 8 Schrauben des Metallrings auf der Rückseite des Achsgehäuses abschrauben. Eine Schraube steht weiter heraus und dient als Anschlag für den Lenkeinschlag (Abstand messen und notieren, z.B. 16 mm). Die 4 Schrauben am oberen Achsgehäuse und am unteren Lenkstockhebel lösen. Oben fixieren zwei Schrauben den Halter für die Bremsschläuche.

Achsschenkel / Achsgehäuse / Antriebswelle (Gelenkwelle) ausbauen

Die Spurstange kann nach Lösen der Kronenmutter (vorher Sicherungs-Splint entfernen) abgedrückt werden. Die Achsschenkel werden nach oben und unten herausgezogen. Beim erstmaligen Ausbau muss man mittels kräftigem Schraubendreher hebelnd nachhelfen. Auf die Bleche (Zwischenlagen) achten und ihre Einbaulage entsprechend notieren. Bei neueren G-Modellen sind Abstandsringe vorhanden.

Diese Zwischenlagen ergeben die Vorspannung (0,3 mm) für die Achsschenkellager. Sind die Bleche sehr stark korrodiert, werden sie durch Bleche gleicher Stärke ersetzt. Dazu muss eventuell das Vorspannungsmaß neu ermittelt werden. Zum Justieren der mittigen Lage der Gelenkwelle im Achskörper gibt es einen zweiteiligen Ring, der vor dem Einschieben der Gelenkwelle in das Achsrohr auf die glatte Fläche vor dem Gummibalg (Seite mit Kerbverzahnung!) gesetzt wird.

Dann nimmt man das Achsgehäuse nach vorne ab und zieht die Antriebswelle heraus. Jetzt kommt der unangenehmste Teil, wozu man am besten Gummi-Handschuhe anzieht: Das alte Fett entfernen und umweltgerecht z.B. bei Mercedes-Benz entsorgen. Man erkennt nun, ob die Manschette verschlissen ist und erneuert werden muss.

Gummimanschette erneuern

Am besten zerschneidet man die alte Manschette bzw. deren Reste und nimmt die Spannbänder nach dem Aufbiegen des Verschlusses ab. Entsprechend der Länge des umgebogenen alten Spannbandes bei den neuen Spannbändern die Spitze im gleichen Abstand rechtwinklig abbiegen und das Band rund biegen.

Die neue Gummimanschette muss man zuerst umstülpen, da das kleinere Spannband innen befestigt wird. Die umgestülpte Manschette muss mit dem engen Ringstück zuerst über die Kerbverzahnung auf der Antriebswelle gezogen werden. Da dies nur mit viel Kraft möglich ist, ist es praktisch, als Hilfswerkzeug ein abgeschrägtes Rohrstück mit gleichem Außendurchmesser wie die Kerbverzahnung zu verwenden. Das

▲ *Antriebswelle der Vorderachse (W 460) mit zerstörter Gummimanschette.*

Rohrstück wird in den Schraubstock eingespannt und die Manschette aufgeschoben (vorher leicht einfetten).

Tipp: Im Zubehörhandel, z.B. bei www.4x4gzr.de, gibt es die Gummimanschetten von GKN-SPIDAN besonders günstig!

Nun kommt die Antriebswelle mit der Kerbverzahnung nach oben in den Schraubstock (unbedingt Schonbacken verwenden!). Vom Rohrstück kann dann die umgestülpte, aufgeweitete Manschette leichter auf die Antriebswelle geschoben werden. Es kann hilfreich sein, die Manschette zusätzlich mit einem Föhn zu erwärmen. Das kleine Spannband wird innen befestigt. Nach dem Zurückstülpen die Manschette innen rundherum mit Fett füllen und auch einiges Fett in die Zwischenräume bei den Gelenkkugeln eindrücken. Das lange Spannband hält dann die Manschette außen fest.

Antriebswellengelenk

Ein altes Gelenk (Nr. A 4603301635, S.54) ohne Fett erlaubt tiefere Einblicke in die Konstruktion. Die 6 Kugeln (19 mm Durchmesser) lassen sich bei gekipptem Innenteil entnehmen, Verschleißspuren sind dann gut zu erkennen.

Der innere Stern und der Käfig sind ausbaubar; Käfig und Innenteil müssen so gedreht werden, dass eine Entnahme möglich ist.

▲ *Das Homokinetische Gelenk der Vorderachse (ausgebaut und fettfrei)*

▲ *Homokinetisches Gelenk im zerlegten Zustand*

▲ *Der Innenstern des Homokinetischem Gelenks (mit Verschleißspuren, siehe Pfeil)*

Laufring erneuern

Vor dem Wechsel der Manschette kann der Laufring vor der Kerbverzahnung, wenn er Riefen zeigt, erneuert werden. In den alten Laufring mit einer kleinen Trennscheibe vorsichtig eine Rille schneiden, mit einem Meißel den Ring trennen und abnehmen. Nach dem Überschieben der Manschette wird der im Ölbad auf 130 Grad erwärmte Ring aufgeschoben. Dabei unbedingt beachten: Die Anschrägung des Laufrings zeigt zur Kerbverzahnung (zwecks leichterem Einschieben der Gelenkwelle)! Mit einem passenden Dorn (Rohrstück mit angeschweißtem altem Lagerring) kann der Ring noch etwas weiter aufgeschoben werden, falls nötig.

Kegelrollenlager im Achsgehäuse erneuern

Das Lager ist mit einem kleinen Deckel mit Loch für den Achsschenkelbolzen abgedeckt. Unter dem Lager befindet sich wiederum ein kleiner Deckel, der mit einem Durchschlag nach innen geklopft wird. Die äußere Lagerschale kann man mit einem Dorn von unten aus dem Achsgehäuse nach außen herausklopfen – was sehr mühsam ist –, oder man zieht die Lagerschale mit einem Innenabzieher z. B. von Nexus aus. Mit der Sechskantschraube wird der Abzieher gespreizt, bis er unter der Lagerschale festsitzt. Mit einem Gegenstück oder mit einem Schlagauszieher zieht man die alte Lagerschale heraus. Den unteren Deckel kann man weglassen. Die neue Lagerschale wird mit Hilfe eines Dorns mit leichten Hammerschlägen eingetrieben. Das Lager und die Kegelrollen gut fetten und den oberen Deckel (mit Loch) nicht vergessen.

Die Simmerringe werden nur bündig mit dem Achsgehäuse eingetrieben!

Radlager einstellen

Bei einem G-Modell die Radlager einzustellen erfordert etwas Geduld, wenn man Lagerschäden vermeiden will; schwierig ist es aber nicht. Man muss einen Drehmomentschlüssel verwenden. Eine neue Mutter ist fällig, wenn die alte „vermurkste" Einschnitte besitzt. Die Verwendung eines Klauenschlüssels ist zweckmäßig (siehe Abschnitt „Spezialwerkzeug"). Zur Arretierung der vorderen Gelenkwelle den 1. Gang mit Untersetzung einlegen, besser jedoch ist ein selbst gefertigter Haltewinkel. Werkzeugselbstbauten solcher Art lohnen sich allerdings nur, wenn man regelmäßig am G arbeitet.

Der Klauenschlüssel für die alten Nutmuttern bei der Baureihe W 460 hat die Nummer W 460 589 00 07 00. Die Mutter selbst (an einem 240 GD, W 460) ist beidseitig abgeschrägt, Nutbreite 8,5 mm, Innendurchmesser 24,5 mm, Außendurchmesser 42,2 mm.

▲ *Gerissene oder beschädigte Gummimanschetten müssen ausgetauscht werden. Eindringender Schmutz könnte sonst das Antriebsgelenk beschädigen. Neue Manschetten kosten ca. 35.- Euro. Bei der Montage auf eine großzügige Fettfüllung achten.*

▲ *Beim Ausbau des Deckels sollte man nicht übermäßig Gewalt anwenden.*

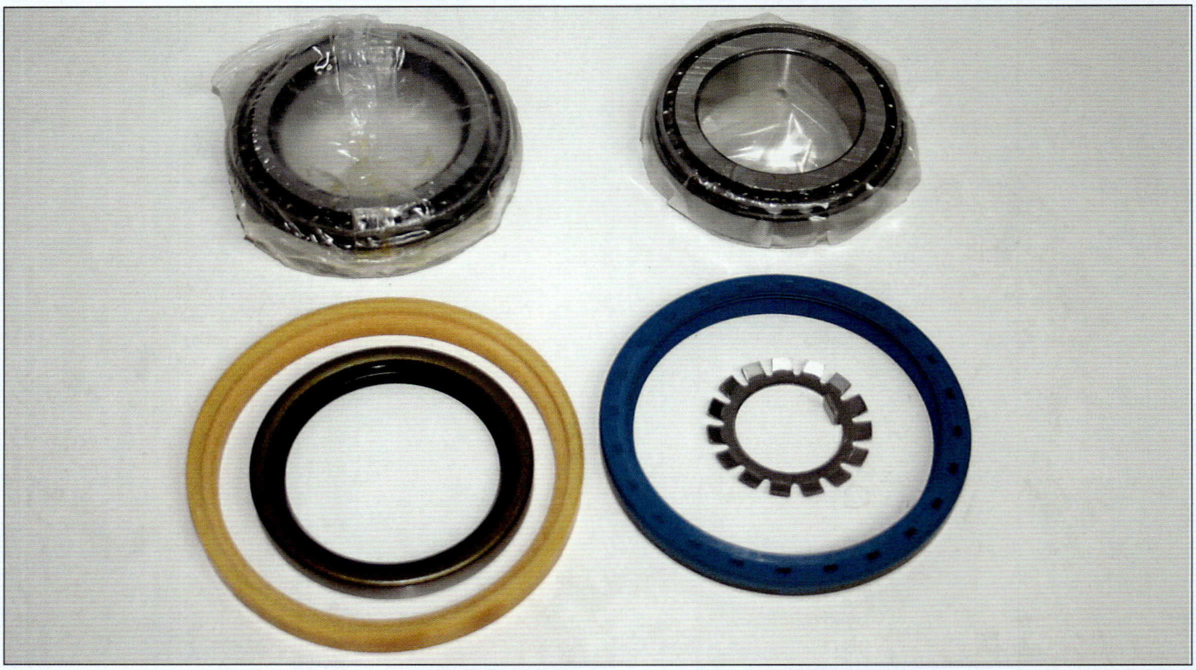

▲ *Ein kompletter Reparatursatz für die Vorderachse, bestehend aus Lagern und Lagerschalen, Dichtringen und Sicherungsblech.*

▲ *Neue Nutmuttern und Sicherungsbleche sind empfehlenswert.*

▲ *Nur mit einem solchen speziellen Klauenschlüssel kann die Mutter problemlos gelöst und das Radlagerspiel eingestellt werden.*

▲ *Hier der komplette Radlagersatz für eine Seite der Hinterachse.*

Die jetzt erhältliche Nutmutter für den W 460 ist nur noch einseitig abgeschrägt und kann nicht gewendet werden: Nutbreite 6,5 mm, gleicher Innendurchmesser von 24,5 mm, Außendurchmesser 40,0 mm. Der dazugehörige Klauenschlüssel hat die Nummer W 460 589 02 07 00 und kostet ca. 60,- Euro.

Die innere Nutmuter an der Anlagefläche zur Nabe einfetten und mit 200 Nm anziehen, wobei die Radnabe gedreht wird; zusätzlich mit einem Gummihammer mehrmals kreuzweise auf die Nabe klopfen. Dann wieder lösen und ohne Kraftaufwand erneut anziehen. Diese Einstellung bereitet dem Anfänger Schwierigkeiten, denn dieser Vorgang bestimmt letztlich das Lagerspiel.

Nun das Sicherungsblech so einsetzen, dass die Sicherungslaschen nach außen zeigen. Äußere Nutmutter an der Anlagefläche zum Sicherungsblech gratfrei schmirgeln, fetten und mit 200 Nm anziehen. Dadurch wird jedoch das Lagerspiel etwas geringer, man sollte also die innere Nutmutter nicht zu fest anschrauben.

Wichtig: Die Radnabe muss nun ein geringes „Kippspiel" aufweisen. Wie viel Spiel ist vor allem Erfahrungssache. Hat man das Radlager einmal eingestellt, bekommt man ein Gefühl dafür. Eventuell sollte man sich Rat bei einem erfahrenen Mechaniker holen. Die Mutter wird erst fest angezogen und dann wieder um ca. 1/8-Umdrehung gelöst. Das Lagerspiel sollte kaum spürbar sein. Zur Kontrolle montiert man das Rad, fasst den Reifen oben und unten an und rüttelt daran. Ist das Radlagerspiel zu groß oder nicht vorhanden, merkt man es sofort. Also äußere Nutmutter wieder abschrauben, Sicherungsblech abnehmen, die innere Nutmutter etwas fester anziehen und das Ganze erneut prüfen.

Erst wenn das Spiel stimmt (also ganz wenig Kippspiel vorhanden ist!), eine passende Lasche des Sicherungsbleches in eine Nut der äußeren Mutter drücken (z. B. mit kräftigem Schraubendreher) oder klopfen. Dieses auf keinen Fall vergessen!

Laut Mercedes-Benz-Handbuch WIS 11/2005 sollte ein Spiel von 0,01 bis 0,03 mm an der Nabe (mit Messuhr prüfen) vorhanden sein.

Antriebswellen sterben meistens im Rückwärtsgang!

Bei eingelegter Vorderradsperre und Rückwärtsfahrt bergauf ist jede Antriebswelle extrem gefährdet. Bei einem solchen Manöver haben schon jede Menge Antriebswellen den Geist aufgegeben. Eine interessante Abhandlung zu diesem Thema findet man übrigens unter www.afrika-virus.de/technik (Antriebswellenprobleme bei Lkw, gilt auch für den G!).

Benötigte Ersatzteile

- Vorderachse, Achs-Nr. 7000580
- Radlager innen, Nr. A 008 981 62 05, Maße: 68 mm außen, 41 mm innen, ca. 30,- Euro
- Radlager außen, Nr. A 008 981 59 05, Maße: 75 mm außen, 46 mm innen, ca. 30,- Euro,
- Achsschenkellager, Nr. A 000 981 59 05, Maße: 45 mm außen, 19 mm innen, ca. 20,- Euro,
- Verschlussdeckel außen mit Loch, Nr. A 460 997 00 40, ca. 2,- Euro
- Deckel innen, Nr. A 460 332 00 33, ca. 2,- Euro
- Gummi-Manschette, Nr. A 460 337 04 85, ca. 35,- Euro
- Spannband innen, Nr. A 460 337 01 92, ca.1,50 Euro
- Spannband außen, Nr. A 460 337 00 92, ca. 1,- Euro
- Dichtring (Simmerring) innen, 8,0 cm Durchmesser, Nr. A 007 997 03 47, ca.10,- Euro
- Dichtring (Simmerring) außen, 8,8 cm Durchmesser, Nr. A 007 997 04 47, ca. 11,- Euro
- Nutmutter, Nr. A 460 990 02 60, ca. 7,- Euro
- Sicherung, Nr. A 460 994 00 12, ca. 1,- Euro
- Laufring, Nr. A 460 337 04 59, ca. 26,- Euro

Alles eine Frage der Schmierung

Als Fett eignet sich gutes Wälzlagerfett oder das schwarze Molybdändisulfid-Fett mit Notlaufeigenschaften. Dieses Spezialfett ist sehr empfehlenswert, auch wenn man trotzdem den Schmierstoff nach einigen Jahren erneuern sollte. Das Fett gibt es günstig im Zubehörhandel, besonders in größeren Gebinden. Die Anschaffung einer Fettpresse erleichtert dabei die Arbeit.

▲ *Beim Fett sollte man nicht am falschen Ende sparen.*

ABSCHNITT SIEBEN

BREMSANLAGE

Für die Fahrsicherheit Ihres Autos ausschlaggebend ist an erster Stelle die Bremsanlage. Sollte sich hier ein Defekt einschleichen, ist ein Unfall vorprogrammiert. Deshalb gilt hier mehr cen je: Führen Sie diese Arbeiten nur durch, wenn Sie über das nötige Fachwissen und Fertigkeiten verfügen, sodass Sie sich die Arbeit auch wirklich zutrauen können. Ansonsten fahren Sie lieber gleich in eine Fachwerkstatt und lassen Sie den Schaden dort beheben. Bei schlechtem Bremsverhalten (Fahrzeug verzögert ungenügend, Bremse zieht einseitig, weiches Bremspedal, Rubbeln beim Bremsen, etc.) sollte unbedingt sofort die Werkstatt aufgesucht werden. Die Bremsen am G unterscheiden sich in ihrem Aufbau nicht von den Bremsanlagen anderer Fahrzeuge. Jede Werkstatt sollte in der Lage sein, diese Reparaturen durchzuführen. Natürlich ist die Tatsache, dass sich die Entwicklungsingenieure bei der Bremsentechnik nicht für eine exotische Lösung entschieden haben, sehr hilfreich und so sind die im Folgenden beschriebenen Arbeiten an der Bremsanlage auch für Freizeitmonteure teilweise recht einfach durchzuführen.

Werkzeug

Für Arbeiten an den Bremsleitungen gibt es von Hazet spezielle Schlüssel, die besser geeignet sind als die üblichen Gabelschlüssel. Der große Schlüssel ist für den Sechskant (17er) am Bremsschlauch, der kleine (10er) für die Bremsleitungsmutter. Zum Biegen und Anfertigen der Bremsleitungen gibt es spezielle Zangen, die ohne ein Knicken der Bremsleitung die Formung enger Kurvenradien ermöglichen. Beim Biegen der Leitung mit der Hand um ein im Schraubstock eingespanntes Rohrstück muss man entsprechend feinfühlig zu Werke gehen. Mit einem Dorn wird der Haltestift des Bremsen-Bleches ausgetrieben. Ein entsprechendes Exemplar weist die Abmessungen 100 x 3 mm auf, der Griff sollte auch noch einmal ca. 100 mm lang sein. Bremskolben sollte man grundsätzlich nicht mit dem Schraubendreher zurückdrücken, besser ist das passende Spezialwerkzeug oder ein kleiner Hebel aus einem Rund- oder Flacheisen. Vorsicht ist auch beim Einsatz einer Wasserpumpenzange angesagt. Sehr schnell beschädigt man durch unsachgemäßen Gebrauch den Bremskolben oder dessen Manschette. Dauert die Reparatur länger als gedacht, weil beispielsweise Teile fehlen, sollte man sicherheitshalber einen Holzklotz zwischen Bremszange und -kolben platzieren, damit nicht bei versehentlicher Betätigung der Bremse, der Kolben mit einem lauten Knall aus dem Sattel geschossen kommt.

Zum Herausziehen der Bremskolben aus dem Bremssattel bei einer Scheibenbremse dient die Bremskolbenzange (siehe Abschnitt Spezialwerkzeug). Ein Verkanten des Kolbens wird damit vermieden. Ein gut sortierter Werkzeughandel bietet solche Zangen an.

Bördelgeräte

Wer keine vorgefertigten Bremsleitungen kaufen möchte, kann sich auch Leitungen in Form preiswerter Meterware besorgen. Manche Werkstatt verwendet noch ein Bremsleitungsbördelgerät und fertigt die Bördelungen – wenn man freundlich nachfragt – für einen Beitrag in die Kaffeekasse. Als Alternative kann man sich auch ein einfaches Bördelgerät, z. B. von Snap-on (etwa 70,- Euro) zulegen. Für die Bremsleitungen des G wird der Doppel-Bördel F 180 Grad verwendet, bei den rostfreien Verschraubungen nur der Doppel-F-Bördel.

Größere Bördelgeräte wie das von Stahlwille werden in den Schraubstock eingespannt und sind sehr teuer. Verwendet man dagegen die rostfreien Kunifer-Bremsleitungen, ist das kleine Gerät ideal, da das Material weicher ist. Die Leitung wird so eingespannt, dass 3 mm noch frei sind, entsprechend der Matrize. Diese kommt dann mit dem Dorn in die Leitung.

▲ *Ein Holzstück dient als einfache, aber effektive Vorsichtsmaßnahme. Eine versehentliche Betätigung des Bremspedals bleibt ohne Folgen.*

▲ *Eine solche Matrize hilft beim Fertigen der Anschlüsse.*

▲ *Ein einfaches Bördelgerät ist bereits für wenig Geld erhältlich und sorgt für eine saubere Arbeit.*

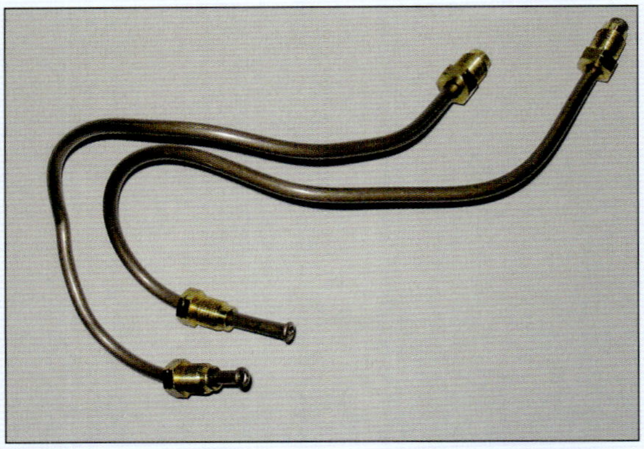

▲▼ *Vorgebogene Leitungen sind zwar kostspielig, aber je nach verlangter Form und erforderlichem Biegeradius sind sie auch die bessere Alternative.*

▲ *Bei neuer Bremsflüssigkeit auf Markenqualität achten. Alte und gebrauchte Flüssigkeit muss fachgerecht entsorgt werden.*

Bremsleitungen erneuern

Wie allen Bauteilen der Bremsanlage muss man den Bremsleitungen ebenfalls besondere Beachtung schenken. Vor allem die unter dem Fahrzeug verlegten Abschnitte sind den Elementen ausgeliefert und auch an den Innenseiten der Leitungen kann es durch überalterte Bremsflüssigkeit (zu hoher Wasseranteil) zu Korrosionsschäden kommen. Eine Leitung, an deren Außenseite der Rost „blüht", sollte also kompromisslos ersetzt werden.
Auf dem Markt werden verschiedene Ausführungen von Bremsleitungen angeboten. Die Palette reicht von der Standardversionen, über kunststoffummantelte Leitungen bis hin zu den Exemplaren aus rostfreiem Stahl. Man kann wählen zwischen preiswerter Meterware zum Selbstkonfektionieren oder teuren, bereits vorgebogenen Leitungen. Die Preise für unkonfektionierte Meterware belaufen sich im Zubehörhandel auf ca. 9,- Euro pro 5-m-Rolle. Dazu werden entsprechende Bremsrohrüberwurfmuttern (1,- Euro) benötigt

Rostfreie Bremsleitung

Leider geht der Rost auch von der Verschraubung aus und greift auf die Bremsleitung über. Rostfreie Bremsleitungen gibt es aus dem Material Kunifer. Kunifer 10 ist eine Kupfer (CU)-Nickel (NI)-Eisen (FER)-Legierung. Weitere Erläuterungen und entsprechende Bezugsquellen findet man beispielsweise bei www.bannemer.de. Die Rolle zu 7,62 m in einer Stärke von 4,75 mm kostet ungefähr 25,- Euro. Da das Material weicher ist, genügt das einfachere Bördelwerkzeug.
Die von der Fa. Bannemer vertriebenen Kunifer 10-Leitungen sind nahtlos gezogen (TÜV-Vorschrift) und zu 100 Prozent elektronisch geprüft (Wirbelstromprüfung). Diese Ausführungen entsprechen der DIN 74234 und sind somit als Bremsleitung zugelassen. Als perfekte Ergänzung dazu erweisen sich die rostfreien Verschraubungen aus Messing (Überwurfschraube) Nr. 1111001 (1,- Euro); diese weisen aber die „Doppel-F-Bördel"-Ausfräsung auf. Manchmal benötigt man auch einen Verbinder Nr. 1111041 oder Reduzierstücke von M12 auf M10 und umgekehrt.

Ausbau der Leitungen

Bevor ein Teilstück ersetzt wird, sollte man dafür sorgen, dass nicht die gesamte Bremsflüssigkeit aus dem gesamten System rausläuft. Mit entsprechenden Klemmen (siehe Abschnitt Spezialwerkzeug), mit denen die Bremsschläuche abgeklemmt werden, kann dies verhindert werden. So gestaltet sich das spätere Entlüften deutlich einfacher. Zusätzlich wird auf den Bremsflüssigkeitsbehälter provisorisch ein anderer Verschlussdeckel aufgeschraubt (Deckel mit verschlossenem

Belüftungsloch, z. B. Nr. A 000 431 54 33 – 4,- Euro), der ebenfalls ein Nachlaufen der Flüssigkeit verhindert.
Beim Lösen der Überwurfschrauben muss man mit etwas Gefühl zu Werke gehen, besonders angerostete Exemplare verlangen nach einem reichlichen Einsatz von Rostlöser. Zuweilen hilft nur das partielle Erwärmen der Anschlüsse, um die festkorrodierten Schrauben zu lösen. **Vorsicht:** Bei dieser Methode besteht Brandgefahr! Darum muss man hierbei besonders vorsichtig arbeiten.

Entlüften der Bremsanlage

Bremsflüssigkeit

Eine gute grundlegende Übersicht zum Thema Bremsflüssigkeit findet man in entsprechender Fachliteratur oder im Internet unter www.kfzbetrieb.de. Zusammengefasst ergeben sich folgende Fakten: Es gibt derzeit bei den Bremsflüssigkeiten drei Stoffgruppen: 1. Polyglykoletherbasis, 2. Mineralölbasis und 3. Silikonölbasis. Diese dürfen unter keinen Umständen miteinander gemischt werden! Die Bezeichnung DOT (Department Of Transportation) mit einer Nummer (z. B. 3, 4, 5, 5.1) klassifiziert die verschiedenen Eigenschaften der Bremsflüssigkeiten.
Fatalerweise ist die langjährig gebräuchliche DOT 5-Flüssigkeit mittlerweile nicht mehr auf Polyglykolether-, sondern auf Silikonölbasis aufgebaut. DOT 4 und DOT 5 sind also nicht mischbar! Dagegen beruht DOT 5.1 wieder auf Polyglykoletherbasis, ist also wieder mit DOT 3 und DOT 4 mischbar! DOT 5 besitzt keine ABE in Deutschland.
Achtung: Alte oder gebrauchte Bremsflüssigkeit ist giftiger Sondermüll und muss fachgerecht bei den dafür vorgesehenen Annahmestellen entsorgt werden.
Zudem kann Bremsflüssigkeit den Lack anlösen. Betroffene Partien müssen schnellstens mit reichlich Wasser abwaschen werden!

Entlüften

Zum Entlüften der Bremsanlage hat sich das EeziBleed-Gerät, derzeit 45,- Euro, beziehbar z. B. über die Firma M.O.V. GmbH (www.colortune500.de), sehr gut bewährt. Wer über einen Kompressor verfügt, sollte sich an den schwarzen Luftschlauch einen Adapter für die Pressluft-Kupplungen bauen. Man kann auch mittels eines entsprechenden Ventils den nötigen Druck mit einer Fahrradpumpe erzeugen oder die Luft aus dem Reserverad (Anschluss: Luftpumpenventil) verwenden. Ein Manometer – am besten gekoppelt mit einem Druckminderer – ist dabei sehr wichtig, denn der Druck beim Entlüften darf nicht über 1,5 bar ansteigen!

▲▼ *Besonders sauber klappt der Bremsflüssigkeitwechsel mit solchen Entlüftungsgeräten. Ein Kompressor liefert den notwendigen Druck; das lästige Pumpen des Bremspedals und der zweite Mann können entfallen.*

▲ *Bei neuer Bremsflüssigkeit auf Markenqualität achten. Alte Flüssigkeit muss fachgerecht entsorgt werden.*

Aus dem Behälter auf dem Hauptbremszylinder wird der Siebeinsatz herausgenommen und mit einer Pipette die alte Bremsflüssigkeit abgesaugt. Ein alter Säuredichte-Prüfer für Akkus ist zum Absaugen der Bremsflüssigkeit bestens geeignet! Dann füllt man neue Bremsflüssigkeit (DOT 4) ein. Die gibt es bei Mercedes-Benz oder im Zubehörhandel (5 Liter für ca. 18,- Euro). Kanister immer gut verschlossen halten, da Bremsflüssigkeit bekanntermaßen Luftfeuchtigkeit aufnimmt, was den Siedepunkt dramatisch herabsetzen und zu Korrosionsproblemen im System führen kann.

Mit der Druckentlüftung entfällt das Pumpen mit dem Bremspedal und damit die sonst notwendige Hilfskraft – man kann diese Arbeit dann alleine durchführen. In eine Vorratsflasche kommt die frische Bremsflüssigkeit, aus deren Deckel führen zwei Schläuche. Der weiße Schlauch mit dem Deckel wird auf den Vorratsbehälter des Hauptbremszylinders geschraubt. Der schwarze Schlauch führt direkt zum Pressluftanschluss (max. 1,2 bar).

Begonnen wird an dem Anschluss, der am weitesten vom Hauptbremszylinder entfernt ist. Auf den Entlüfter am Bremssattel wird ein durchsichtiger Plastikschlauch (Innendurchmesser: 5 mm) geschoben; dieser führt in ein Gefäß, das die alte Bremsflüssigkeit aufnimmt. Nun muss nur noch die Entlüfterschraube aufgedreht werden. Am vorderen Bremssattel (drei Entlüfternippel beim 240 GD) benötigt man einen 10er- oder 11er-Ringschlüssel, es gibt beide Entlüftergrößen. Am kleineren Entlüfter an der Hinterachse passt ein 7er-Schlüssel. Man lässt solange Bremsflüssigkeit auslaufen, bis keine Luftblasen mehr austreten und die Farbe der Bremsflüssigkeit hell ist (alte kann sogar dunkelbraun geworden sein). Dann wird der Entlüfter wieder zugedreht. Man muss nur sorgfältig aufpassen, dass die Vorratsflasche und somit der Behälter am Hauptbremszylinder nicht leerläuft, denn auf diese Weise gelangt sonst wieder Luft ins Bremssystem!

Die Differenzialsperren beim G werden übrigens nach dem selben Arbeitsschema entlüftet, ebenso die Kupplung!

Wechseln der vorderen Bremsbeläge (W 460)

Die Bremsbeläge am W 460 sind 12 mm dick und besitzen eine Bohrung für eine Verschleißanzeige, die man einfach nachrüsten kann. Beim W 463 werden die gleichen Backen mit einer Verschleißanzeige verwendet. Die Beläge neueren Produktionsdatums besitzen zwar auf der Rückseite eine blaue Schutzschicht, allerdings sollte man die Rückseite wie auch die Ober- und Unterkante trotzdem dünn mit Kupferpaste bestreichen.

▲ *Nach dem Abnehmen des Rades wird zunächst mit dem Dorn der Sicherungsstift entfernt.*

◀ *Dann wird das Sicherungsblech entfernt. Anschließend müssen die Kolben zurückgedrückt werden.*

▲ *Schließlich können die Bremsklötze rausgezogen werden. Achtung: Die obere und untere Lauffläche im Bremssattel säubern!*

Beim Bremsklötzewechsel ist der erste Arbeitsschritt das Öffnen des Ausgleichsbehälters vom Hauptbremszylinder. Der Deckel wird an einem sauberen Platz deponiert. Während der Arbeiten an der Bremse sorgt ein sauberer Lappen, der an Stelle des Deckels über dem Behälter platziert wurde, dafür, dass eventuell überlaufende Bremsflüssigkeit – verursacht durch das Zurückdrücken der Bremskolben – keine Lackschäden bewirkt.
Nach dem abnehmen des Rades wird zunächst mit dem Dorn der Sicherungsstift für das Halteblech entfernt. Anschließend werden die Bremsklötze mit einer Wasserpumpenzange vorsichtig Richtung Kolben gedrückt, bis sie sich leicht rausziehen lassen. Anschließend befreit man die Bremssättel mit Hilfe von Bremsenreiniger von altem Bremsstaub. Vor allem müssen die Kontaktflächen auf denen die Bremsklötze sitzen, gesäubert werden, sonst kann es passieren, dass die Klötze verklemmen und einseitig abgenutzt werden. **Achtung:** Niemals Druckluft zum Säubern der Bremssättel benutzen. Akute Gesundheitsgefahr!
Nach dem Einsetzen der neuen Beläge wird die Klammer platziert und mit dem Sicherungsstift fixiert. Da sich die Preise für diese Kleinteile im Rahmen halten, sollten man sich immer für Neuteile entscheiden.

▲▼ *Deutlicher Unterschied: Oben sind die verschlissenen Beläge zu sehen, unten warten die neuen auf ihren Einsatz.*

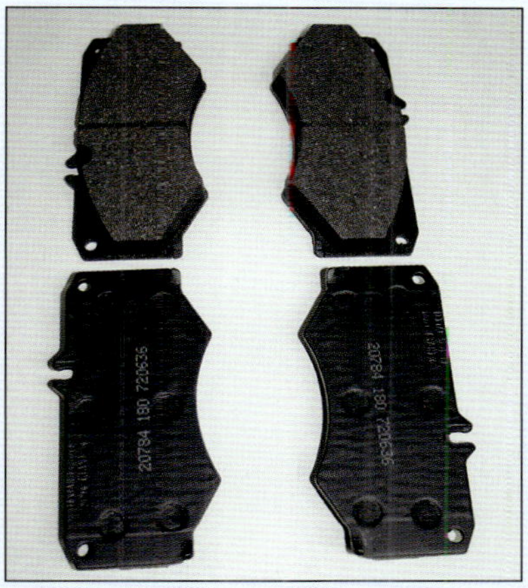

Benötigte Ersatzteile
Bremsklötze 240 GD: Nr. A 001 420 14 20, von Ferodo oder Jurid, Satz (4 Stück): ca. 125.- Euro

Erneuern der vorderen Bremsscheiben

Arbeiten an der vorderen Bremsanlage des W 460
Bremsscheiben sind Verschleißartikel und müssen bei Unterschreitung der Scheiben-Mindestdicke von 13 mm ersetzt werden. Neue Scheiben messen beim W 460 in der Dicke 16 mm, ihr Durchmesser beträgt ca. 302 mm.
Nach Entfernen der Bremsklötze und der Sättel wird die Halteschraube der Bremsschraube mit Hilfe eines Schlag-Schraubers gelöst. Durch die extremen Temperaturverhältnisse, die an der Bremse herrschen, kann die Schraube beim Ausbau erhebliche Probleme bereiten. Festsitzende Exemplare müssen vorsichtig ausgebohrt werden. Der Zusammenbau erfolgt in umgekehrter Reihenfolge.

▲ *Die Faustsattelbremse des G55 AMG besitzt nur noch zwei Kolben statt vier wie die älteren Bremsanlagen.*

Teilenummern:
Bremsscheibe vorne W 460:
Originalersatzteil, Nr. A 460 421 00 12 – ca.140,- Euro inkl. MwSt. (im Zubehörhandel ab ca. 80,- Euro)

Arbeiten an der vorderen Bremsanlage des G55 AMG

Der G55 AMG besitzt vorne innenbelüftete Bremsscheiben mit Faustsattel (zwei Bremskolben). Eine so genannte Multifunktionsnut ist auf der Scheibenfläche außen und innen eingefräst. Diese Rille leitet Wasser, Schmutz und beim Bremsen entstehende Gase ab und dient gleichzeitig als Verschleißanzeige für die Bremsscheibe.

Nach Abnahme der beiden Plastikkappen (siehe Pfeile S.96) werden mit einem 9-mm-Inbusschlüssel die Führungsbolzen herausgedreht (Drehmoment: 43 Nm, keine Sicherung). Ich benutze einen 9-mm-Stecknusseinsatz, der ein kurzes, von einem Inbusschlüssel abgesägtes Stück Sechskantwerkzeugstahl aufnimmt. Die Haltefeder an der unteren Kante (siehe Pfeil) etwas nach oben drücken und aus dem Faustsattel ziehen.

Nun den Faustsattel abziehen und seitlich auf einer Stütze ablegen. Alternativ kann man sich auch aus einem Stück stabilen Schweißdraht einen S-Haken biegen, den man dann beispielsweise an der Fahrwerksfeder befestigt. Auf jeden Fall darf der Bremssattel nicht mit seinem ganzen Gewicht am Bremsschlauch hängen. Es empfiehlt sich, die elektrischen Leitungen aus ihren Haltern zu drücken.

Der innere Bremsklotz mit dem Verschleißfühler sitzt mit zwei Klammern in den Bremskolben. Die Bremsklötze sind an den Seiten stark abgeschrägt, um Quietschen zu vermeiden.

Um den Bremssattel abnehmen zu können, müssen die zwei Schrauben (SW 21) abgeschraubt werden. Sie sollte man stets erneuern bzw. beim Zusammenbau mit neuer Flüssigsicherung einschrauben (Anzugsdrehmoment: 190 Nm).

Die Bremsscheibe wird durch die Radschrauben auf der Radnabe gehalten und ist zusätzlich durch eine selbstsichernde Torx-Schraube fixiert (Anzugsdrehmoment: 25 Nm). Als Werkzeug wird ein Torx 50-Steckeinsatz benötigt. Beim Zusammenbau wird entweder eine neue Schraube verwendet oder es kommt am Gewinde Schraubensicherungslack von Loctite (mittelfest) zum Einsatz.

Bevor man die neue Bremsscheibe montiert, sollte man die Radnabe entrosten und dünn einfetten. Der Zusammenbau erfolgt in umgekehrter Reihenfolge.

▲ *Zuerst wird der Bremssattel vom Träger abgeschraubt. Achtung: Den Sattel nicht an der Bremsleitung runterhängen lassen, sondern aufhängen oder abstützen.*

Die innere Bremsbacke sitzt mit einer Klammer in den Kolben befestigt (A), während die äußere (B) lediglich oben und unten im Halter geführt wird. Nachdem der Halter abgebaut wurde, kann die Befestigungsschraube der Bremsscheibe entfernt und die alte Scheibe kann abgenommen werden (C).

◀ *Die wellenförmigen Nuten dienen auch als Verschleißanzeige.*

Teilenummern

- Bremsscheibe vorne: A4634210412 – ca. 213,- Euro inkl. MwSt.
- Federblech: A 0004218291 – ca. 7,- Euro inkl. MwSt.
- Führungsbolzen: A0004213574 – ca. 5,- Euro inkl. MwSt.
- Teilesatz Hülse: A4200876 – ca. 5,- Euro inkl. MwSt.
- Schraube Torx50, Bremsscheibe (M12) A0019900914 – ca. 1,- Euro inkl. MwSt.
- Drehzahlgeber: A4635400317 – ca. 107,- Euro inkl. MwSt.
- Bremsklötze: FER 4364 FF

▲ *Unter den schwarzen Käppchen (Pfeil) sitzen die Befestigungsschrauben des Bremssattels.*

▲ *Ein Vierkolben-Bremssattel, wie er an den meisten G-Modellen zu finden ist.*

▲ *Der ausgebaute Bremskolben muss auf Korrosionsspuren untersucht werden.*

Bremssattelüberholung

Bremskolben ausbauen (Perrot oder Teves)

Vor allem in Fällen, wo Fahrzeuge sehr lange Zeit gestanden haben und nicht bewegt wurden, kommt es nicht selten vor, dass die Bremskolben festgerostet sind und festsitzen. Schmutz- und Rostpartikel können auch die Dichtlippen und die Staubmanschetten beschädigen.

In all diesen Fällen muss der Kolben ausgebaut, geprüft und gegebenenfalls erneuert werden. Dazu wird zunächst der Bremssattel abgebaut. (**Achtung:** Vorher die Bremsschläuche abklemmen, damit nicht die gesamte Bremsflüssigkeit aus dem System ausläuft). Nach einer gründlichen Reinigung des Sattels mit Bremsenreiniger (alternativ Kaltreiniger) erfolgt die weitere Demontage an einem sauberen Arbeitsplatz. Nun werden die Staubschutzkappen mit einem geeigneten Schraubendreher vorsichtig abgehoben. Der Bremskolben ist ein zylindrisches Teil mit einer hochglänzenden Oberfläche. Mit der Bremskolbenzange wird er vorsichtig mit Drehbewegungen herausgezogen. In hartnäckigen Fällen hilft der Einsatz von Druckluft durch den Entlüfteranschluss. Dabei ist es ratsam, den Bewegungsspielraum des Kolbens mittels eines dicken Lappens weitgehend einzuschränken, sonst geht von dem umherfliegenden Kolben eine große Verletzungsgefahr aus.

Unbedingt beachten: Kolben und Zylinder dürfen nicht materialabnehmend bearbeitet werden!

Alle benötigten Dichtungen und Dichtringe befinden sich in einem Reparatursatz. Der Vierkantdichtring des Zylinders wird ebenfalls ersetzt. Man hebelt ihn mit einer feinen Nadel aus dem Zylinder heraus. Ein neuer Dichtring wird dünn mit Bremszylinderpaste (von ATE) eingeschmiert. Im Gegensatz zu den

▲ *Im Reparatursatz sind alle erforderlichen Dichtungen für eine Bremssattelüberholung enthalten.*

Dichtlippen darf auf die Ränder der Staubschutzkappen innen keine Bremszylinderpaste aufgetragen werden, da sie sonst beim Aufdrücken wieder abrutschen. Hierfür gibt es eine spezielle Zange. Zum Aufdrücken hat sich ein selbstgedrehter Ringadapter gut bewährt – ein Stück Bandeisen tut's allerdings auch. Nach dem Zusammenbau wird der Bremssattel montiert und das System wie beschrieben entlüftet.

Teilenummern

Perrot Reparatursatz Nr. A 0004206883 – ca. 43.- Euro.

Erneuern der hinteren Bremsbeläge

Arbeiten an der hinteren Bremsanlage des W 460 (240 GD, Perrot bis HA-Nr. 741.516)

Die Technik der Hinterradtrommelbremse des G präsentiert sich recht überschaubar. Der oben angebrachte Radbremszylinder bewegt die An- und Ablaufbacke jeweils gleichmäßig Richtung Trommel. Die dem Radbremszylinder gegenüber liegende Nachstelleinrichtung sorgt dafür, dass sich auch bei abnutzenden Bremsbelägen die Bremsleistung nicht verschlechtert, was natürlich nur bis zu einem gewissen Punkt möglich ist. Wenn die Bremsbacken endgültig verschlissen sind und erneuert werden müssen, gibt es zwei Möglichkeiten. Entweder man besorgt sich fertige Ersatzbacken oder man kauft einzelne Beläge, die auf die Trägerplatte aufgenietet werden müssen. Letzteres erfordert jedoch ein nicht unerhebliches Maß an Übung, denn schief aufgenietete oder verzogene Beläge sorgen für eine ungleich wirkende Bremse und für teilweise dramatische Messwertunterschiede auf dem Bremsenprüfstand. Auch wenn die fertige Ausführung teurer ist, so spart sie doch teilweise erheblichen Mehraufwand an Arbeit. Die Kontaktpunkte der Bremsbacken an der Ankerplatte (Trägerplatte) sollten leicht mit Kupferpaste behandelt werden.

Die Haltestifte und die Federn sollten übrigens bei dieser Gelegenheit gleich mit ersetzt werden. Es gibt dafür einen Reparatursatz mit allen erforderlichen Einzelteilen. Das schwierige an dieser Arbeit ist das Aus- und Einhängen der Federn. Zwar kann man die Federn auch mit einem Schraubendreher entsprechend an- und abmontieren, jedoch besteht hier ein erhebliches Verletzungsrisiko. Gefahrloser und bequemer erledigt man diese Arbeit mit einem speziellen Haken, mit der man die strammen Federn sichern positionieren kann.

Nun muss auch der automatische Nachsteller (Bild rechts) neu justiert werden: Nur bei neuen Bremsbacken die Nachstellschrauben (nicht das Zahnrad 2) soweit eindrehen, dass im Nutgrund der Nachstellschrauben gemessen ein Spreizmaß von

▲ *Die Trommelbremse eines 240 GD ist technisch recht überschaubar. Probleme bei der Demontage bereiten nur die (strammen) Federn und die (festgerostete) Nachstelleinrichtung.*

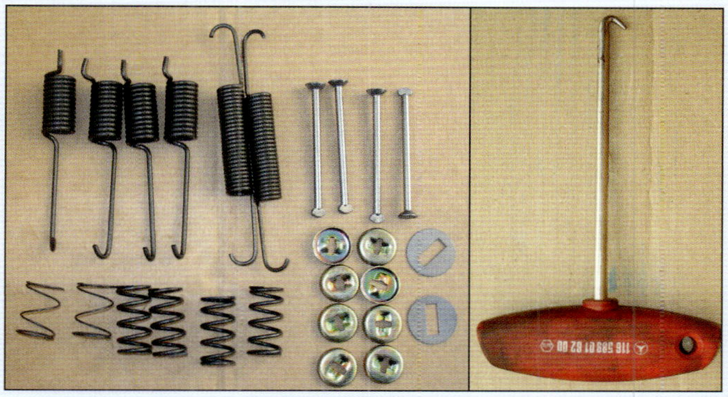

▲ *Beim Erneuern der Bremsbacken sollten die Kleinteile zur Befestigung ebenfalls getauscht werden. Das Einhängen der Federn erleichtert ein Spezialwerkzeug.*

▲ *Die automatische Nachstelleinrichtung: Es gibt verschiedene Ausführungen, alle müssen auf Leichtgängigkeit geprüft werden.*

70 mm vorliegt. Ansonsten die Nachstellschrauben so einstellen, dass die Bremstrommel gerade über die Bremsbacken geschoben werden kann. Nachsteller so zentrieren (verschieben im Langloch), dass die Beläge gleichen Abstand zur Bremstrommel haben. Eine sofortige Probefahrt mit mehrmaligem Bremsen gibt Aufschluss darüber, ob die Reparatur erfolgreich war und die Bremse eine gleichmäßige Bremswirkung entwickelt.

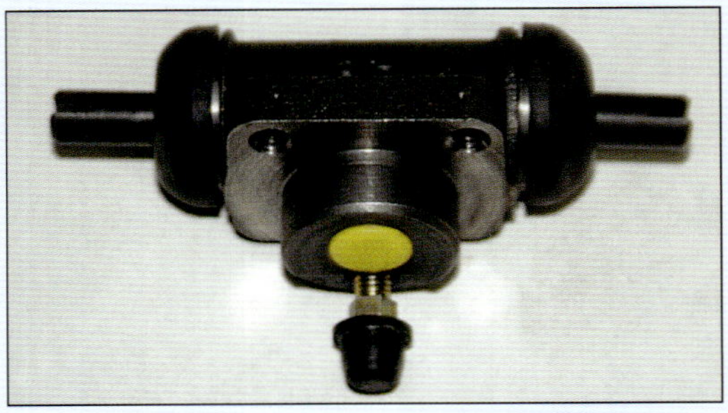

▲ *Auch wenn Reparatursätze für Radbremszylinder angeboten werden, sollte man auch den Kauf eines Neuteiles in Erwägung ziehen. In vielen Fällen steht der Arbeitsaufwand in keinem Verhältnis zum Preis des Neuteils.*

Bremsen ziehen ungleich:
Ziehen die hinteren Trommelbremsen einseitig, sollte man nicht zuerst an der Einstellung der Handbremsseile etwas ändern. Die Ursache liegt oft in den unterschiedlichen Reibwerten durch so genannte Verglasung/Verhärtung der Beläge. Die Oberfläche des Belages glänzt und ist tiefschwarz. Abhilfe: Mit mittlerem Schmiergelleinen die glatten Schichten gleichmäßig abschleifen bzw. aufrauen, ebenso die Kontaktfläche in der Bremstrommel. Die Auflagefläche der Bremsbacken an der Abstützung über dem Radbremszylinder sollte hauchdünn mit Kupferpaste eingefettet werden.

Teilenummern

- Bremsbacken mit Belag A 461 420 00 20 – 4 Stück: ca. 310,- Euro
- Bremstrommel A 601 423 50 01 – ca. 56,- Euro
- Radzylinder A 011 420 88 18 – ca. 58,- Euro
- Reparatursatz Federn A 002 586 32 42 – ca. 16,- Euro

Erneuern der hinteren Bremsscheiben

Arbeiten an der hinteren Bremsanlage W 463 (z. B. G 270 CDI, G55 AMG)

Nach Wegfall der militärischen Forderung, den G mit Anhänger am Berg mit der Handbremse halten zu können, wurde der G hinten mit Scheibenbremsen ausgerüstet. Die Feststellbremse besitzt nun zwei zusätzliche, kleine Bremsbacken. Die Bremse wurde auch vereinfacht, so besitzt sie nur noch einen Bremskolben auf der Innenseite. Nachteilig sind nun aber die geringere Bremswirkung der Handbremse und das Rostproblem.

Beim G55 AMG wird für die hintere belüftete Scheibenbremse (272 mm) ein Faustsattel verwendet. Die Teilenummern bei den Reparatursätzen für die Feststellbremse sind beim G 270 CDI und G55 AMG teilweise identisch.

Vor Beginn der Arbeit ist es wichtig, den Wählhebel des Getriebes auf „N" zu stellen, sonst lassen sich die Hinterräder später bei Bedarf nicht drehen. Achtung: Auf eine gute Sicherung des aufgebockten Fahrzeugs achten!

Die Haltefeder (siehe S.100 Pfeil Bild A) wird in der Mitte hochgedrückt und nach vorne abgenommen. Dann den Stecker (Pfeil B) für den Kontaktfühler der Belagsverschleißanzeige abziehen (nur rechter Faustsattel!). Wie bei den vorderen Sätteln werden nach dem Abnehmen der zwei Schutzkappen die zwei Führungsbolzen (7-mm-Inbusschraube) herausschrauben. Sie sind nicht sehr fest angezogen (Anzugsdrehmoment: 28 Nm). Anschließend den Faustsattel nach oben abheben und seitlich abstützen oder aufhängen, also nicht am Bremsschlauch hängen lassen. Der innere Bremsklotz besitzt an seiner Rückseite eine mehrteilige Klammer, die im Bremskolben steckt. Den Bremskolben drückt man mit einem Abdrücker etwas zurück.

Nun folgt die Demontage des Bremssattelträgers, der mit zwei selbstsichernden Schrauben (SW 18 mm, Anzugsdrehmoment: 116 Nm) am Hinterachstragrohr befestigt ist. Beim späteren Zusammenbau entweder neue Schrauben verwenden oder das Gewinde mit Loctite (Mittelfest) neu sichern.

Die hintere Bremsscheibe ist mit einer selbstsichernden Torx-Schraube fixiert (Anzugsdrehmoment: 25 Nm); zum Lösen wird ein Torx 50-Steckeinsatz benötigt.

Beim Zusammenbau entweder eine neue Schraube verwenden oder das Gewinde mit Loctite (Mittelfest) neu sichern. Den Passsitz an der Bremsscheibe und Radnabe reinigen und leicht mit Kupferpaste einstreichen.

Sofern die Trommel innen Korrosionsspuren aufweist, können diese mit grobem Schmirgelleinen entfernt werden. Auch die Bremsbacken sollten bei dieser Gelegenheit leicht angeschliffen werden, um die Oberfläche aufzufrischen und eventuelle Verglasungsspuren zu beseitigen.

Mit dem Einstellrädchen wird der Abstand der Bremsbacken zur Trommel justiert. Es sollte leicht drehbar sein, sonst reinigen und mit Kupferpaste schmieren. Durch Drehen des Ein-

Bei G-Modellen mit hinterer Scheibenbremse (A) sitzt die Feststellbremse in der Scheibe. Der Aufbau der Feststellbremse ist dem der hydraulischen Trommelbremse recht ähnlich. Zunächst werden der Bremssattel und dessen Halter abgeschraubt (B). Anschließend die Befestigungsschraube der Scheibe entfernen. Die Bremsscheibe kann nun abgezogen werden. Auf der Trägerplatte sind die beiden Bremsbacken und die Nachstellmechanik untergebracht (C). Meistens genügt eine gründliche Reinigung der Teile mit Bremsenreiniger und leichtes Anschleifen mit Schmirgelleinen.
Anschließend erfolgt der Zusammenbau (D), wobei die Feststellbremse mittels Nachsteller so justiert wird, dass sich die Bremsscheibe „saugend" über die Beläge schieben lässt.

Der Wechsel der hinteren Bremsscheiben an einem G55 AMG gestaltet sich analog zum G 270 CDI (W 463). Im Gegensatz zum G 270 CDI besitzt das AMG Modell zwar innenbelüftete Scheiben, aber auch hier werden zunächst der Bremssattel, der Halter und die M12-Torx50-Schraube abgebaut (A - D). Nach erfolgter Einstellung der Feststellbremse werden die neuen Scheiben montiert und befestigt.

***Achtung:** Bremsscheiben werden generell nur paarweise erneuert und stets nur mit neuen Bremsklötzen in Betrieb genommen.*

▲ *Um die Beläge der Feststellbremse zu spreizen und näher an die Trommel zu bringen, muss der Nachsteller in Pfeilrichtung gedreht werden.*

stellers (in Pfeilrichtung) werden jetzt die Backen oben soweit auseinander gedrückt, dass die Bremsscheibe gerade noch aufgeschoben werden kann, aber die Backen nicht schleifen. Nach der Montage der neuen Bremsscheibe und dem Fixieren mittel der Torx-Sicherungsschraube, erfolgt das abschließende Anbringen des Bremssattels in umgekehrter Reihenfolge wie der Abbau.

Teilenummern

- Bremsscheibe 272 mm: A4634230012 – ca. 128,- Euro inkl. MwSt
- Haltefeder außen: A0004218591 – ca. 5,- Euro inkl. MwSt
- Faustsattelträger: A0004230706 – ca. 200,- Euro ink
- Schraube Bremssattel an Achse: N 910105012007 – ca.1,50 Euro inkl. MwSt
- Teilesatz Schutzhülse: A 0004200076 – ca. 9,- Euro inkl. MwSt
- Führungs-Bolzen einzeln: A0004210818 – ca. 9,- Euro inkl. MwSt
- Schraube Torx50 Bremsscheibe (M12) A0019900914 – ca. 1,- Euro inkl. MwSt
- Verschleißanzeige (ABS): Geber hinten/vorne: A2205401517 – ca. 5,-Euro inkl. MwSt

Feststellbremse:

Teilesatz:

- Bremsbacken mit Federn: A0034203420 – ca.73,- Euro inkl. MwSt
- Haltefeder Bremsbacke: A1084230092 – ca. 1,- Euro inkl. MwSt
- Rückzugfeder oben: A9019931310 – ca. 0,50 Euro inkl. MwSt
- Feder unten: A9019930410 – ca. 0,50 Euro inkl. MwSt
- Lasche/Spreizschloss: A2014200589 – ca. 7,- Euro inkl. MwSt

ABSCHNITT ACHT

FAHRWERK

Das Fahrwerk wird beim Einsatz im Gelände am meisten beansprucht. Deshalb weisen die entsprechenden Bauteile bei vielen Geländewagen nach Jahren harter Arbeit oft deutliche Verschleißspuren auf. Das Fahrwerk benötigt genau wie andere Fahrzeugteile Pflege und Wartung. Der G verfügt über ein außergewöhnlich stabiles und robustes Fahrwerk, das im Vergleich zu den Konstruktionen vieler Konkurrenten in dieser Fahrzeugklasse wesentlich mehr einstecken kann. Doch auch am G-Fahrwerk gehen Geländefahrten nicht völlig spurlos vorüber und so ist beizeiten eine Generalüberholung erforderlich. Im Normalbetrieb (90% Straße und 10% Gelände) halten alle Komponenten abgesehen von den Stoßdämpfern mindestens 10 Jahre. Danach müssen verschiedene Teile ausgetauscht oder überholt werden. Diesem Thema widmet sich das folgende Kapitel.

◀ *Das stabile Fahrgestell eines W 460.*

Austausch des Lenkungsdämpfers

Der Lenkungsdämpfer zählt vor allem bei G-Modellen mit großzügiger Bereifung zu den Verschleißteilen. Ein Wechsel kann teilweise alle 60.000 Kilometer erforderlich sein, zum Glück ist er nicht besonders teuer. Taucht bei ca. 100 km/h eine Unwucht oder ein Schlagen in der Lenkung des G auf, ist oft ein defekter Lenkungsdämpfer die Ursache. Löst man die Schraube am unteren Ende, lässt sich der Dämpfer prüfen; ist kaum oder gar kein Widerstand beim Einschieben der Kolbenstange des Dämpfers zu spüren, ist der Dämpfer definitiv Schrott. Er ist mit

◀ *Der mächtige Vorderachskopf (links) beim W 463.*

▲▼ *Verschleißteil: Der Lenkungsdämpfer (hier abgeschraubt beim W 463) sollte regelmäßig auf Verschleiß geprüft werden.*

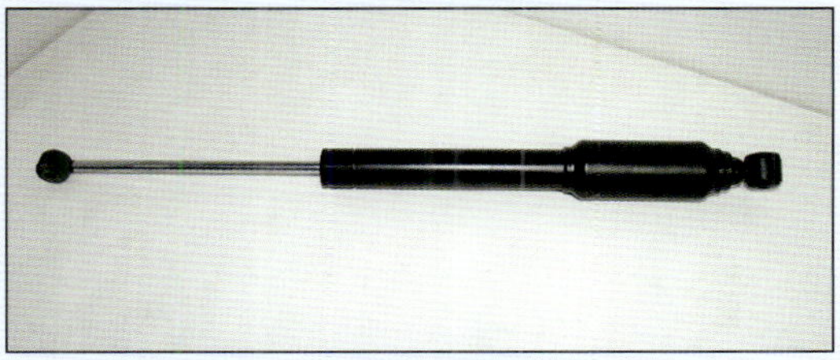

Hier sind Fahrwerksfedern der Hinter- und der Vorderachse zu sehen. Die Markierung für die Federrate befindet sich auf der vorletzten unteren Federwindung (Pfeil). In diesem Fall ist übrigens die Feder mit der blauen Lackierung für hinten, die grün markierte Feder sitzt an der Vorderachse.

zwei Schrauben unter der Vorderachse befestigt. Der Tausch geht schnell und unkompliziert vonstatten.

Fahrwerksfedern

Eine Höherlegung des Fahrwerks erfolgt in der Regel durch den Einbau längerer Zubehörfedern. Es gibt auch die Möglichkeit, mit dem Einbau eines „Bodylift" (Abstandblöcke unter der Karosserieverschraubung) die Karosserie höher zu setzen, um z. B. größere Räder fahren zu können.

Um die vorderen Federn auszubauen, muss man beim W 460 die Stoßdämpfer unten abschrauben, die Brems- und Sperrenleitungen unten abklemmen, die Kardanwelle abflanschen und die Muttern der Längslenker lockern. Auf keinen Fall vergessen, den G von unten zusätzlich mit Unterstellböcken abzustützen!

Federarten und Kennlinien

Für den G gibt es mehrere verschieden starke Achsfedern, die mit Farben gekennzeichnet sind. Innerhalb dieser Farbgruppen gibt es wiederum Sortierungen anhand der Anzahl der Farbstriche.

Serienfedern im G

Die Federn des Mercedes G sind Schraubenfedern. Ihre Kennzeichnung erfolgt durch Farbstriche auf den ersten Windungen.

Für den G gibt es folgende Vorderfedern:

• Grün	Nr. 460 321 03 04
• Gelb	Nr. 460 321 02 04
• Braun	Nr. 460 321 50 04
• Gelb-Orange	Nr. 460 321 06 04
• Rot	Nr. 460 321 07 04
• Weiß	Nr. 460 321 04 04
• Blau	Nr. 463 321 00 04

Die grüne Vorderfeder ist sehr weich (Federrate c = 15 N/mm) und war lediglich in den ersten 230 G eingebaut; sie spielt eigentlich nur eine Rolle, wenn das Fahrzeug bei Trial-Wettbewerben eingesetzt wird. Die weiße Vorderfeder, verwendet bei schwereren G-Modellen, ist bei leichten Fahrzeugen sehr hart (c = 34 N/mm); die restlichen Federvarianten liegen bei ungefähr c = 20 bis 23 N/mm. G-Modelle mit der Mehrausstattung „Schlechtwegepaket" haben ab Werk eine Federkombination, die für das jeweilige Fahrzeuggewicht härter ist als beim Serienfahrzeug ohne Schlechtwegepaket. Die Federrate ist bei allen Vorderfedern progressiv, die Feder selbst ist linear ausgelegt, also von konstanter Stärke. Die Federn sind zum Ausgleich der Fertigungstoleranzen in drei Lastgruppen unterteilt (Kennzeichnung durch ein bis drei Farbstriche). Der Unterschied zwischen der einen Lastgruppe und der anderen hängt natürlich von der Feder ab, liegt aber im Schnitt zwischen 20 und 40 kg.

Für den G gibt es folgende Hinterfedern:

• Grün	Nr. 460 324 03 04
• Gelb	Nr. 460 324 02 04
• Gelb-Orange	Nr. 460 324 07 04
• Braun	Nr. 460 324 06 04
• Weiß	Nr. 460 324 05 04
• Rot	Nr. 460 324 08 04
• Lila	Nr. 463 324 00 04

Die Hinterfedern sind grundsätzlich progressiv ausgelegt und aus einem inkonstanten Federdraht, dessen Durchmesser in der Mitte der Feder am stärksten ist und zu den Enden hin immer dünner wird. Diese auch baulich progressive Feder verhindert ein Durchschlagen unter Extrembedingungen. Die Hinterfedern sind ebenfalls in drei Lastgruppen unterteilt. Die grüne Hinterfeder ist sehr weich ausgelegt, wurde aber in sehr viele kurze G (auch der Baureihe W 463) eingebaut. Altersbedingt oder bei Beladung sorgen diese Federn für ein herunterhängendes Fahrzeugheck; zudem sind gebrochene Exemplare ein häufiges Schadensbild.

Höherlegung mit Originalfedern

Eine Höherlegung mit Mercedes-Benz Originalfedern ist natürlich nur möglich, wenn man die Federn eines schwereren Fahrzeugs in ein leichteres einbaut. Hier einige Richtwerte, immer bezogen auf die 2-Strich-Federn:

Vorderachse:

Von Gelb auf Braun beträgt der Höhengewinn ca. 2,5 cm.

b) mit 12-Tonnen-Presse

Mit einer selbstgebauten 12-Tonnen-Presse ist es ein Kinderspiel. Vor dem Einpressen das Auge innen entrosten, konservieren und das Gummilager mit reiner Vaseline einfetten!

Ausbau des vorderen Querlenkers

Manchmal ist es zum Verzweifeln – da sind alle Schrauben und Muttern lösbar, nur ausgerechnet die an der Vorderachse ist in der Metallbuchse des Gummilagers festgerostet. Aber auch sie bekommt man heraus: Auf den Kopf der festgerosteten M16-Schraube eine M8-Schraube, 10.9, Feingewinde, sorgfältig aufschweißen, ein Rohrstück darüber setzen und dicke Beilagescheiben draufschieben. Die Mutter zieht nun die Schraube heraus. Darauf achten, dass die Beilagscheiben stark genug sind, sonst verbiegen sie sich.

Einbau des vorderen Querlenkers

Beim Einbau den vorderen Querlenker zuerst in die Achsaufnahme schieben und anschrauben, dazu die Schraube nur soweit einschieben, dass Sicherungsring und M16-Mutter in der Achsaufnahme noch aufgeschraubt werden können.
Anzugsdrehmoment Mutter an beiden Querlenkern (vorn und hinten): 210 Nm (W 460) bzw. 225 Nm (W 461, 463)

Teile: (EPC: Gruppe 32/35)

Hinterachse

- Querlenker, hinten: Nr. A 4603500406
- Buchse (bis 34855): Nr. A 4603300050
- Buchse (ab 34856): Nr. A 4603520565

Die Buchse ist 46,7 mm lang. Das Querlenkerauge hat 35 mm Innendurchmesser.

- Gummilager (bis 34856): Nr. A 4603520465
- Gummilager (ab 34856): Nr. A 4603520565
- Schraube Querlenker (hinten): Nr. N 000960016244; M16 x 1,5-8.8 – 95 mm Gesamtlänge, Teilgewinde
- Neue Nummer: Nr. N 308765016002, M16 x 1.5-10.9 – 90 mm Gesamtlänge

Vorderachse

- Querlenker: Nr. A 4633300407
- gleiche Buchsen/Gummilager wie Hinterachse
- Schraube: Nr. N 000960016105; 8.8 - 95 mm Gesamtlänge, Teilgewinde, M16 x 1,5

Die gleiche Schraube wird für den Stoßdämpfer und den Querlenker (vorne) verwendet.

- Mutter, selbstsichernd: Nr. N 913002016002, M16 x 1,5

▲ *Mit einer solchen selbstgebauten Presse ist die Montage der Gummibuchsen sehr einfach. Leichtes Einölen der Gummiteile oder etwas Vaseline erleichtert die Arbeit.*

▲ *Die Verschraubung des Panhardstabes an der Hinterachse.*

Lohn der Mühen: Die Schraube ist raus und der Querlenker kann abgebaut werden.

Gelenkköpfe finden sich sowohl an der Spurstange als auch an der Lenkstange. Diese Köpfe zählen zu den ganz normalen Verschleißteilen beim G und werden nicht nur im Rahmen der Inspektionsintervalle auf Verschleiß hin untersucht, sondern auch der TÜV legt großen Wert auf eine spielfreie Anlenkung. Das Gelenkstück der Spurstange (A) besitzt ein kleineres Außengewinde (M20 statt M22) als das Gelenkstück der Lenkstange (B). Außerdem ist der Kopfdurchmesser kleiner (40 mm statt 43 mm). Der Gewindezapfen (M14) und der Konus (16/18mm) sind aber gleich. Das rechte Gelenkstück der Spurstange ist allerdings eingepresst und kann nicht gewechselt werden.

Pflege: *Regelmäßig sollte man den oberen Rand der Staubschutzkappe am Lenkhebel (Dichtbalgauflagefläche) anheben und die Auflagefläche sowie den Konusrand einfetten. Dazu gibt es von DC eine praktische „Spachtel“ (W385589036300).*
Alle 2 bis 3 Jahre ist es empfehlenswert die Spurstange (ebenso die Lenkstange) auszubauen, den Konus kreisend im Gelenk zu bewegen und etwas zu verdrehen, so nutzt sich die Kugel innen nicht einseitig ab.
Damit diese Wartungsmaßnahme nicht jedes Mal durch verrostete Splinte in der Kronenmutter unnötig erschwert wird, empfiehlt es sich, diese durch V2A-Splinte zu ersetzen (40 x 2,5 mm). Sollte der alte Splint festgerostet sein, hilft nur vorsichtiges Ausbohren mit einem 2-mm-Bohrer. Anschließend müssen alle Späne sorgfältig entfernt werden.

ABSCHNITT NEUN

KAROSSERIE

Die Karosserie ist der größte Problembereich aller Geländewagen, da stellt auch der G keine Ausnahme dar. Bauartbedingt (Leiterrahmen) und durch den Geländeeinsatz (Schlamm und Feuchtigkeit in den Karosseriehohlräumen) ist Rost bei allen G-Modellen ein Thema. Besonderes Augenmerk gilt dem Korrosionsschutz, der selbst ab Werk nicht immer über jeden Zweifel erhaben war. Deshalb rechtzeitig vorsorgen oder – sofern die braune Pest sich schon eingenistet hat – sofort die entsprechenden Stellen behandeln. Die geringsten Probleme treten übrigens bei den Baujahren 1994 bis 2000 auf. Wir führen hier die kritischen Korrosionsbereiche auf und geben Tipps zur Behandlung. Eine Rostvorsorge macht sich in jedem Fall bezahlt, spätestens beim Wiederverkauf.

▲ Nach dem Füllern und anschließenden Grundieren sowie letztmaligen Anschleifen und Entstauben ist dieser W 460 fertig für die Lackierung. Für eine Gesamtlackierung muss man mit ca. 3 bis 4 Kilogramm Farbe rechnen.

Korrosionsschutz

Einige Grundlagen zum Thema Rost

Der Rostvorgang stellt eine komplizierte elektrochemische Reaktion zwischen Luftsauerstoff, Wasser und Eisen dar. Folglich muss zur Rostverhütung das Eisen zumindest vor dem Wasser (Luftfeuchtigkeit) und/oder dem Sauerstoff geschützt werden. Oder man versucht den Elektronenentzug vom Eisen zu verhindern (Opferanode aus unedlerem Metall, z. B. Zink, Magnesium). Leider gibt es immer noch kein Wundermittel gegen den Rost. Bei der Verzinkung wird zuerst das Zink aufgelöst und das Eisen jahrelang geschützt. Das Salz auf den Straßen reagiert aber sofort mit dem Zink. Ein verzinktes End-Auspuffrohr rostet daher genauso schnell wie eines ohne Verzinkung.

Rostvorbeugung ist in jedem Fall bei allen G-Modellen sinnvoll und auf Dauer auch notwendig. Einige generelle Ratschläge aus der Praxis mögen hier hilfreich sein:

a) Den G im Winter möglichst oft auch von unten waschen (bei Frost in der Waschanlage).

b) Unterseite mit viel Unterbodenschutzwachs einsprühen.

c) Möglichst viele Teile und Schrauben durch V2A-Material ersetzen. Es wird zwar immer über Kontaktkorrosion theoretisiert, aber die ist bei eingeölten V2A-Schrauben minimal und weit geringer als sonst. Oder man verwendet eine spezielles Mittel wie Anti Saize des Herstellers 2m gegen Spannungskorrosion bei rostfreiem Stahl.

d) Fluidfilm-Konservierung – eine feine Sache, auch ökologisch sinnvoll (Wollöl/ Lanolinbasis).

Aber aufpassen, manche Gummiteile wie die Scheibendichtung quellen durch Fluidfilm auf!

Infos dazu siehe: Fa. HODT, www.fluidfilm.de
www.korrosionsschutzshop.de mit Tipps zur Anwendung
Autodienst Scheuss oder Fluidfilm-Versand:
www.fluidfilm-versand.de

▲ *Die braune Pest! Unter den Gummileisten am Schweller ist häufig der Rost zu finden. Hier ein durchgerosteter Schweller beim W 460.*

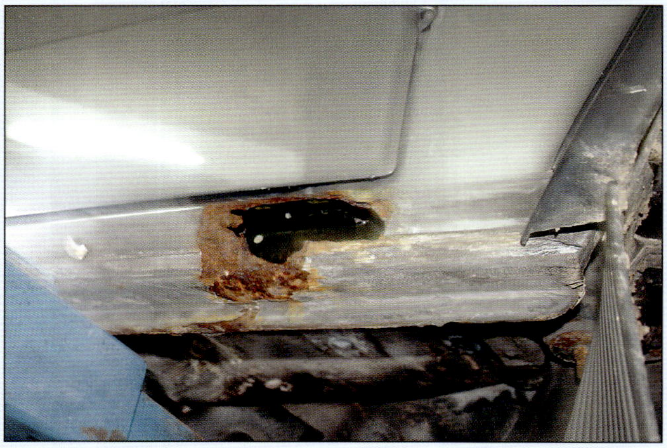

▲ *Diese Stelle (eine Handlänge hinter dem vorderen Radlauf) ist typisch für Schwellerrost beim G.*

▲ *Nach gründlichem Entfernen der Roststellen und entsprechenden Korrosionsschutzmaßnahmen ist der Schweller bereit für die Lackiervorarbeiten.*

Rostlöser können bei der Bekämpfung der „braunen Pest“ eine gute Hilfe sein.
Es gibt eine große Auswahl unter den Rostlösern. Besser als die Mittel, die gleichzeitig auch schmieren/ölen, sind z.B. die Expresslöser, deren Eigenschaften nur auf den einen Zweck, nämlich Rost zu lösen, optimiert sind.
Sehr bewährt hat sich seit langem der alkoholische Bio-Rostlöser Nr. 250372 von 2m. Er ist geruchsneutral und zugleich eines der besten Gummipflegemittel. Besonders gut lassen sich damit Rostabfärbungen an Gummiteilen entfernen.
Hat sich Korrosion erst einmal eingenistet, ist die sofortige Rostbeseitigung erforderlich, dafür gibt es verschiedene Möglichkeiten:

a) mit einem Fräser

Mittels hochtourigem Fräser werden die Pusteln, braunen Verfärbungen etc. bis aufs blanke Blech abgefräst. Bei dem ab Seite 81 abgebildeten Fahrzeug kam ein AEG GS400-Schleifer mit 27.500 Umdrehungen und schon etwas stumpfe Fräser zum Einsatz. Diese können sich nicht so leicht im Metall verhaken. Selbstverständlich ist die Verwendung einer Schutzbrille beim Fräsen/Schleifen Pflicht! Auch Ohrenstöpsel sind angebracht!

b) mit einem Schaber

Eine andere Möglichkeit ist die Verwendung eines Schabers. Er sollte aber aus einer extrem harten Widia-Legierung bestehen. Hervorragend eignen sich die Schneideplättchen der im chemischen Labor verwendeten Glasschneider, deren Plättchen einzeln als Ersatzteil erhältlich sind (z.B. www.carl-roth.de, Nr. 8210.1 – ca. 23,- Euro). Eine Gripzange hält das Plättchen, das sowohl gebogene als auch gerade Kanten hat. Damit kann man hervorragend den Rost entfernen, sogar von Bremsscheiben. Besonders geeignet ist so ein Widia-Schaber zum Entrosten der Spiralfedern des G und der Achsrohre. Hier sollte möglichst wenig Material abgetragen und eine glatte Oberfläche erhalten bleiben.

c) mit einer Drahtbürste

Mühsam ist die Verwendung von Hand-Drahtbürsten zum Entrosten. Die gibt es auch mit V2A-Borsten! Eine rotierende Drahtbürste ist effektiver und bequemer. Selbstverständlich ist die Verwendung einer Schutzbrille auch beim Fräsen/Schleifen Pflicht!

Rost in Poren beseitigen

Sind die gröberen Arbeiten beendet, müssen die mikroskopisch kleinen restlichen Rostnarben mit einem chemischen Rostschutz, z.B. Epoxy Brunox, Fa. Brunox GmbH, behandelt werden. Dieses Produkt ist ein Rostumwandler, der gleichzeitig eine farblose Grundierung beinhaltet. Bei der Reaktion mit

▲ Generell gilt, dass man auch bei G-Modellen signifikante Stellen auf Korrosion untersuchen sollte. Nicht selten verstecken sich unter dem serienmäßigen Unterbodenschutz problematische Rostnester. Unter dieser recht harmlos aussehenden Roststelle verbarg sich ein großflächig betroffener Bereich.

▲ Nach dem groben Säubern zeigt sich das ganze Ausmaß. Ein Heißluftfön erleichtert das Entfernen des alten Unterbodenschutzes. Nun kann der Bereich abgeschliffen oder gesandstrahlt werden.

▲ Wenn der Rost gründlich entfernt wurde, kann über den Einsatz von Reparaturblechen entschieden werden. In diesem Fall reicht eine „normale" Korrosionsschutzbehandlung.

▲ Nur sandstrahlen und schleifen reicht nicht! Der Rost muss chemisch behandelt werden: Rostbeseitigung mit dem Rostumwandler Brunox.

Eisen entsteht eine stahlblaue Schicht, die sehr stark aushärtet. Allerdings ist diese Schicht nicht längere Zeit wasserfest, Brunox reagiert mit Wasser, deshalb muss es abgewischt oder abgeschliffen werden. Die Rostporen sind aber versiegelt. Zumindest muss man dazu die Schicht anschleifen.
Selbst Sandstrahlen nützt ohne chemischen Rostschutz nichts, da der Rost in den Poren des Metalls verbleibt.

Ist der Rost erfolgreich behandelt, kommt mit der Grundierung und Lackierung der nächste Schritt der Restaurierung.
Es wird mit einer 2K-Grundierung, z.B. von Spies/Hecker, Permacron 4:1 Haftgrund braun, Nr. 8583 (mit 2K MS-Härter) grundiert. Diese Grundierung hält auch ohne zusätzliche Lackierung, z.B. bei den nicht verchromten Achshalbkugeln an der Vorderachse, Bremssättel etc., wie die Erfahrung gezeigt hat.

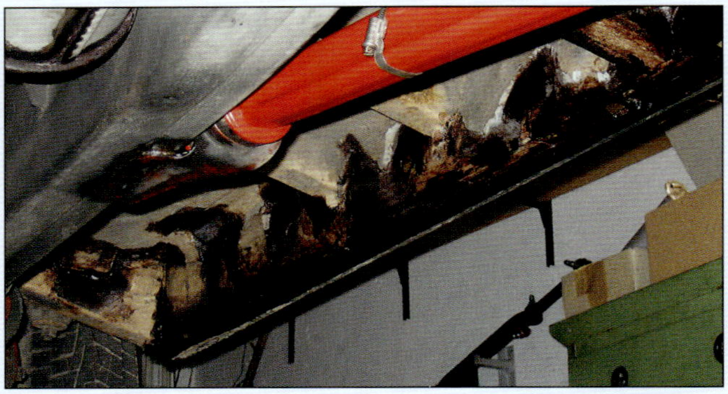

▲ *Je nach verwendeten Materialien kann ein mehrfaches Auftragen der Rostschutzmittel erforderlich sein. Nach gründlichem Einwirken und Einhaltung der Trockenzeit kann der nächste Schritt erfolgen.*

▲ *Nach der Rostentfernung erfolgt die Behandlung mit 2-Komponenten-Grundierung. Hier zu sehen Roststellen nach dem Grundieren.*

▲ *Die vorbereitete Stelle ist nun fertig für die weitere Behandlung mit Unterbodenschutz.*

Nach kurzer Trocknungszeit und leichtem Überschleifen (verbessert die Haftung) kann man gleich in der Wagenfarbe (ebenfalls 2K-Farben von Spies/Hecker) lackieren. Nach Herstellerangaben sollte jedoch auf die Grundierung zunächst Raderal Füllgrund 3508 aufgetragen werden, dann wird die Lackierung aufgebracht (www.spieshecker.com).

Korrosionsschutzmittel

Positive Erfahrungen in Sachen Korrosionsschutz gibt es mit Dinitrol 77B, 500-ml-Sprühdose, von Dinol, Art. Nr. 1116604 braun. Dieses Mittel zeigt gutes Kriechvermögen in Falze, verdrängt Wasser und bildet eine wachsartige Schicht. Man kann aber auch alle anderen wachsartigen Mittel aus der Sprühdose verwenden.

Pyrmoflex 6400 ist eine spritzbare Nahtabdichtung (Art. Nr. 166900) und ein sehr gutes schwarzes Falzabdeckmittel, z.B. beim Abschluss von Seiten- und Rückwandteil. Es wird wie die bekannten Silikonkartuschen mit einer Handpresse verarbeitet

▲ *Über die Grundierung und gegebenenfalls Unterbodenschutzlackierung erfolgt dann die eigentliche Lackierung.*

und die Naht mit Seifenwasser geglättet. Zwei Klebestreifen rechts und links neben dem Falz sind hilfreich für eine möglichst gerade gezogene Naht.

Sandstrahlen

Von der Firma Westfalia gibt es eine Sandstrahlbox (Nr. 647594, ca. 130,- Euro), die für das Sandstrahlen von Teilen bis etwa 40 cm Größe geeignet ist. Die Box HAPO-SK1 wird von Hapo (www.hapo.de) hergestellt. Leider wird der zum Betrieb notwendige Druckluftanschluss nicht mitgeliefert. Die Gummihandschuhe (Nr. 744466) und die zusätzlichen inneren, selbstklebenden Schutzscheiben (Nr. 425017) für den Kunststoffdeckel der Box gibt es als Ersatzteil bei Westfalia. Die Keramikdüsen erhält man bei Hapo.

Quarzsand ist durch die enorme Staubentwicklung in der Box ungeeignet und von der Berufsgenossenschaft auch verboten (Silikose). Viel besser sind Strahlmittel aus Korund (z.B. von Sakret), die es preisgünstig in Baugeschäften gibt (40-kg-Sack ca. 18.- Euro, Strahlgutdurchmesser 0,2-0,9 mm).

Es zeigte sich bald, dass bei der erwähnten Sandstrahlbox einige kleinere Modifikationen notwendig sind. So sollte man sich zwei seitliche Griffe zum leichteren Tragen anbauen und die 12-V-Lampe in der Box ausbauen, da man sie nicht benötigt und das Plexiglasgehäuse der Lampe ohnehin schnell trübe wird. Mit der Box kann nun fast staublos und ohne Lärmbelästigung auch in der Werkstatt oder im Hobbyraum „sand"-gestrahlt werden.

Je größer der dafür eingesetzte Kompressor ist, desto besser. Wichtig ist dabei ein möglichst großes zur Verfügung stehendes Luftvolumen, sonst läuft der Kompressor ständig und ohne Abschaltpause. Mein Zweikolbenkompressor von Elektra-Beckum mit 50 Liter fassendem Druckbehälter reicht da gerade so aus (effektive Luftleistung: 250 Liter/Minute). Er steht in der Waschküche im Keller, da dort die angesaugte Luft im Sommer am kühlsten (größerer Wirkungsgrad!) und staubfrei ist. Druckleitungen führen in die Garage/Werkstatt.

Der Drehstrommotor besitzt eine Leistung von 3 kW. Im Druckbehälter sammelt sich Kondenswasser an, das regelmäßig abgelassen werden sollte; im Druckschalter kann man den maximalen Abschaltdruck einstellen (hier bis 11 bar).

Sandstrahlbeispiele

Die unten gezeigten Halter des Querstabilisators an den Längslenkern (Schubstreben) der G-Vorderachse waren überholungsbedürftig. Diese Stanzteile besitzen scharfe Kanten und Stanzgrate. Diese habe ich mit einem hochtourigen Schleifer entfernt. Das kann man vor oder nach dem Sandstrahlen machen (unbedingt Schutzbrille verwenden!).

Viele Infos über Korrosionsschutz:
www.korrosionsschutz-depot.de

Konservierungskonzepte bei Modellen der Baureihen W 460 und W 463

Nach fast drei Jahrzehnte währendem Kampf gegen den Rost ergeben sich bestimmte Schwerpunkte, wie ein neuer G am besten zu schützen ist. Viele Schrauben und Muttern beim G-Modell können durch solche aus V2A ersetzt werden. Im Fachhandel und im Internet findet man ein reichhaltiges Angebot an verschiedenen Größen zu vernünftigen Preisen.

▲ *Die Halter für den Querstabilisator vor der Behandlung.*

▲ *Zur leichteren Entrostung haben wir diesen Stabilisatorhalter modifiziert (oben), die Stabilität bleibt erhalten.*

▲ *Gerade für abbaubare massive Teile eignet sich das Sandstrahlen. Hier als Beispiel ein sandgestrahlter Stabilisatorhalter (unten).*

▲ *Dieser Stabihalter wurde zuerst sandgestrahlt dann mit Brunox entrostet und anschließend wurden die Stanzkanten noch gerundet damit die Farbe auch hält.*

▲ *Fertig! Hier hat der Rost kaum noch eine Chance.*

▲ *Zum Schluss werden die neuen Gummibuchsen eingepresst.*

▲ *Für die schwere Rosschäden an den üblichen Stellen sind selbstverständlich auch kostengünstige Reparaturbleche im Zubehörhandel erhältlich. Ein Teilersatz durch ein qualitativ hochwertiges, also möglichst passgenaues Blech ist nämlich häufig die bessere Lösung als aufwändiges Freilegen und Behandeln der vom Rost betroffenen Partien.*

Am Rahmen sind eigentlich nur die hinteren Stoßdämpferaufnahmen sowohl beim W 460 als auch beim W 463 betroffen. Rostschutz ist vor allem zwischen den Metallscheiben und Gummipuffern am unteren Rand der vorderen und oberen Enden der hinteren Stoßdämpfer notwendig. Vor allem die Metallhülse rostet fest. Daher wird die Hülse mit einer Metallsäge längs durchgesägt . Die Schraube oben korrodiert kaum. Die Bilder auf Seite 131 zeigen die Bauteile eines G55 AMGK (W 463) von Ende Juni 2006 und dokumentieren, dass die Korrosion innerhalb von nur vier Monaten beim Neufahrzeug (ausgeliefert 2/2006) an den Stoßdämpferbefestigungen eingesetzt hat. So ist das Schutzrohr beim hinteren Stoßdämpfer innen nicht lackiert – Ergebnis: das blanke Blech setzt sofort Korrosion an. Auch die Hülsen am vorderen Stoßdämpfer unten zeigen schon Rost. Weitere Einzelheiten zum Aus- bzw. Einbau der Stoßdämpfer beim W 460 und W 463 sind im Abschnitt Fahrwerk beschrieben.

Alle Metallscheiben und Hülsen, auch die Auflageflächen, konservieren (eventuell entrosten, grundieren, lackieren, mit Wachs schützen usw.). Beim W 463 ist die Metallhülse um 5 mm kürzer als beim W 460 und die Wandstärke (Innendurchmesser nur 12 mm) ist um 1 mm dicker.

Zusammenbau

Statt der alten Mutter kommen eine V2A-M10-Beilegscheibe, ein Sicherungsring und eine Mutter (V2A, M10, Feingewinde 1,5) zum Einbau. Die Teile beim hinteren Stoßdämpfer sind baugleich. Dass es sich zu konservieren lohnt, sieht man an den Preisen der Einzelteile:

- Teller, Nr. A 000 323 16 67 – ca. 7,- EUR
- Teller, Nr. A 000 323 17 67 – ca. 7,- EUR

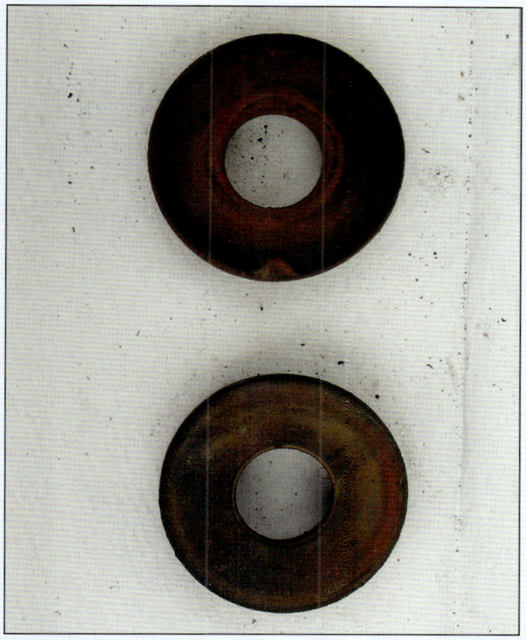

▲ Rostspuren an den Gummischeiben der Stoßdämpferbefestigung verraten, dass die Stahlscheiben von Rost betroffen sind.

▲ Die neuen Stoßdämpferscheiben sind nachträglich mit Wachs gegen Rost geschützt und die Stoßdämpferhülsen mit Brunox entrostet.

▲ Die neuen Stoßdämpferhüllen sind innen nicht mehr lackiert! Sofort bildet sich Rost an den neuen Hüllen der W 463 ab Baujahr 2006.

▲ Auch die neuen Stoßdämpferbefestigungsschrauben (W 463) sind von Korrosion betroffen.

- Teller, Nr. A 000 323 18 67 – ca. 16,- EUR
- Büchse, Nr. A 000 323 80 50 – ca. 7,- EUR

Die Konservierung des Leitungshalters an der Hinterachse ist auch durchaus sinnvoll. Leitungen wie z.B. vom ABS-Sensor oder die Bremsleitungen sind mit Kabelhaltern an der Achse befestigt. Auch hier ist Konservierung nötig. Die Kupplung der Bremsverschleißanzeige wird mit einer V2A-Schraube befestigt. Wie schon erwähnt ist der Halter (Stoßdämpfer und Feder Hinterachse) am Rahmen ein Rostnest. Dieser zweischalige Halter ist am oberen Rahmenquerrohr angeschweißt (siehe auch Teilenummern und Abschnitt Fahrwerk). Man bohrt ein Loch, Größe etwa 10 mm (s. Pfeil Bild S.109), und konserviert

▲ *An den Achsen sind im schlimmsten Fall die Federteller von Korrosion betroffen. Die Federteller gibt es als Ersatzteile, hier ist ein Exemplar für die Hinterachse zu sehen.*

▲ *Federteller Hinterachse (Innenseite)*

▲ *Die Stanzgrate an den Federtellern sind teilweise noch scharfkantig, eine Nacharbeitung (Grate abschleifen und grundieren, anschließend lackieren) lohnt auf jeden Fall.*

die Innenseite. Bei Mercedes-Benz gibt es passende Gummistöpsel, mit denen die Bohrung wieder verschlossen werden kann. In vielen Fällen sind die Rahmenhalter jedoch schon so verrostet, dass man sie erneuern muss.

- Rechte Konsole, Nr. A 4603201778, Stoßdämpferhalter oben, hinten rechts, Preis: ca. 33,- Euro
- Linke Konsole, Nr. A 4603201678, Stoßdämpferhalter oben, hinten links, Preis: ca. 33,- Euro

Kühlerfront

Nach Abbau der Frontverkleidungen (Kühlergrill, Scheinwerfer) werden z. B. mit Korrosionschutzwachs Nr. 77B von Dinol alle Kanten von Blechteilen mit einem Pinsel behandelt (beim Sprühen geht zuviel daneben), größere Flächen kann man einsprühen. Die werksseitig verbauten Schrauben werden durch V2A-Schrauben ersetzt. Wer es besonders gut machen möchte, rundet die scharfen Presskanten der Stanzteile ab, z. B. die Halterung der Scheinwerferabdeckungen. Gleichermaßen behandelt man alle sonstigen Metallteile. Beim Kühlergrill kann man den Schlauch für die Düsen der Scheinwerferreinigungsanlage am Kühler befestigen, anstatt sie auf der Rückseite im Kühlergrill unter den Stegen durchzuführen.

Beim Kühlergrill aus Kunststoff müssen nur die Befestigungen des Lochgitters und des Mercedes-Sterns gründlich konserviert werden. Außerdem sollten V2A-Schrauben und Muttern zur Befestigung verwendet werden.

Nebelscheinwerfer W 463

Die Kunststoff-Abdeckung der Nebelscheinwerfer abschrauben. Zwei Schrauben halten das Glas mit Reflektor fest. Die Befestigungsschrauben befinden sich waagrecht rechts und links neben dem Scheinwerfer.

Kabel abziehen und Glas (mit Reflektor) ablegen. Das Gehäuse mit den vier Blechschrauben losschrauben. Darunter die gesamte Halterung konservieren und auch die Stoßstangeninnenseite mit Wachs einsprühen. Serienschrauben durch V2A-Schrauben

▲ *Vorderwagen W 460 nach Abbau der Karosserieteile.*

ersetzen. Beim Einbau der Nebelscheinwerfer darauf achten, dass die Kabeldurchführung dicht ist (eventuell mit weicher Knetmasse zusätzlich abdichten). Die Gummidichtung muss sorgfältig in die Rille des Gehäuses eingepasst sein.

Stoßstange

Besonders durch Rost gefährdet ist der Lüftungsbereich in der Mitte der Stoßstange, dort steht das Salzwasser im Winter im unteren Falz. Seitliche Gummischutzkappen abschrauben – sie scheuern an der Stoßstange –, mit Wachs konservieren und mit V2A-Schrauben mit größerer Beilagscheibe wieder befestigen. Bei älteren Fahrzeugen kann man diese Gummikappen weglassen, da sich der Dreck dort festsetzt. **Und Achtung**: Beim W 463 sind die Stoßstangenenden extrem scharfkantig! Vorsicht walten lassen und lieber Handschuhe tragen.

Innenkotflügel

Nächstes Ziel sind die Innenkotflügel. Sie sind mit Blechschrauben (7er-Schlüssel) befestigt. Die Kotflügelverbreiterungen ebenfalls entfernen. Mit Konservierungswachs schützt man die Kotflügelkanten und alle Blechflächen. Die Eigenanfertigung der V2A-Haltewinkel wird später noch ausführlich beschrieben. Sämtliche Schrauben/Muttern der in den Kotflügeln angeordneten Aggregate werden durch V2A-Schrauben/Muttern ersetzt, auch die Schlauchschellen. Anschließend erfolgt eine Wachsbehandlung der Blechteile. Diese sind neuerdings (2006) nur noch grundiert! Es folgt die Montage der Innenkotflügel mit den V2A-Haltewinkeln und V2A-Schrauben. Das sollte viele Jahre lang jeglichen Rost fern halten!

Kotflügel vorne rechts, Kotflügel hinten rechts

Wurde eine Stelle übersehen und nicht gleich mit Wachs konserviert, zeigt sich nach gut drei Jahren schon der Rost. Auch bei einem Neufahrzeug empfiehlt es sich also auch diese Bereiche nachträglich zu konservieren.

Unterfahrschutz bei W 463 (G 270 CDI, 2/2006) und W 460 (240 GD, 10/1979)

Der Unterfahrschutz ist zwar durch die aufgeschweißten U-Profile sehr stabil, doch ein Rostschutz ist in den Profilen fast nicht möglich. Eventuell kann man 5 mm große Löcher an den Stellen bohren, wo man mit der Sprühdose mit Sprühröhrchen sonst nicht hinkommt. Ist der Rammschutz abgebaut, können alle erreichbaren Stellen konserviert werden. Man kann den Unterfahrschutz auch durch eine massive, 3 mm starke Edelstahlplatte ersetzen.

▲ *Die Stoßstangen der G-Modelle sind sehr massiv, Durchrostungen kommen nur bei sehr schlecht gepflegten Fahrzeugen vor. Der Rost tritt so offensichtlich in Erscheinung, dass jeder Besitzer sieht, wann es Zeit wird, ihn zu behandeln. An der Stoßstange dieses W 460 ist bereits der Rostansatz gut zu erkennen.*

▲ *Innenkotflügel aus Kunststoff sind beim W 463 serienmäßig verbaut und haben sich auch bewährt. Eine Nachrüstung zur Rostvorbeugung beim W 460 lohnt sich.*

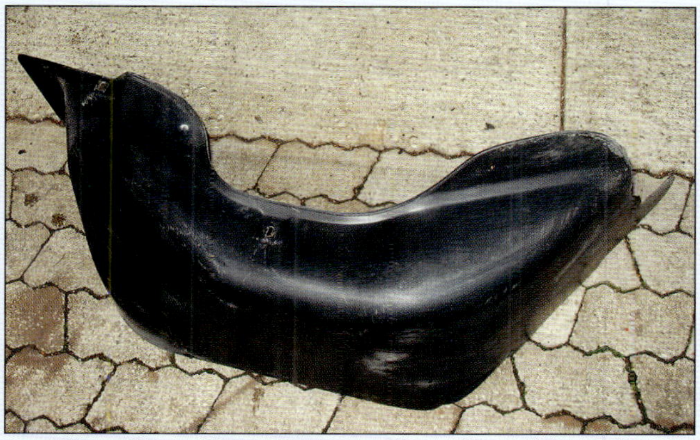

▲ *Die Innenkotflügel vom W 463 mit schmaler Spur (bis Baujahr 1995) passen auch in die Radhäuser des W 460.*

▲ *Ein umfassender Korrosionsschutz beginnt hier: in den Hohlräumen der Karosserie. Die werksseitig vorhandenen Öffnungen sind mit Plastikstopfen verschlossen, die recht einfach herausgehebelt werden können.*

▲ *Mit Hilfe eines langen Röhrchens wird das Konservierungswachs zielgenau in die vordere Tür gesprüht.*

▲ *An der hinteren Türe kann die Öffnung der Kindersicherung genutzt werden, um den Korrosionsschutz an der Türinnenseite aufzufrischen.*

A

B

C

D

Wie an den Einstiegstüren befinden sich auch an der Hecktüre entlang des Rahmens entsprechende Öffnungen, durch die man den Hohlraumschutz einbringen kann.
Als Hohlraumkonservierung eignen sich alle wachsartigen Produkte, die ein gutes Kriechvermögen in Falze zeigen, Wasser bzw. Feuchtigkeit verdrängen und eine wachsartige Schicht bilden. Besonders vorteilhaft sind natürlich jene Mittel, die bereits einsatzbereit in einer Sprühdose angeboten werden. Aber es geht auch anders. Für den Betrieb an einem Kompressor sind spezielle Sprühpistolen für Hohlraumwachs (Druckbecherpistole: ca. 100,- Euro) erhältlich, die mittels einer langen Sonde und einem speziellen, mehrstrahligen Sprühkopf für eine optimale Verteilung des Schutzwachses sorgen. Viele interessante Informationen rund um das Thema Korrosionsschutz findet man auch im Internet, beispielsweise unter www.korrosionsschutzshop.de oder www.hohlraumschutz.com.

▲ *Eine Schwachstelle aller G-Modelle ist der Rahmen der Windschutzscheibe. Auch bei jüngeren W 463 entstehen Roststellen wie hier zu sehen. Wenn die Scheibe mal raus ist lohnt sich auch hier eine nachträgliche Konservierung. Damit kein Wasser unterhalb der Scheibe stehen bleibt kann der Spalt unter dem Gummi mit Schutzwachs gefüllt werden.*

An den Stirnseiten der Hauptholme des Rahmens befinden sich zwei große runde Löcher. Hier können Schmutz und Salzwasser eindringen, da der Rammschutz genau hier auch seine ovalen Löcher (für den Abschlepphaken) hat. Fährt man nicht durch tiefes Wasser, sollte man die Löcher mit Gummistöpseln verschließen. Zusätzlich kann man unterhalb des Loches eine 5 mm große Bohrung anbringen, damit Wasser abfließen kann.

Scheibenrahmen vorne

Berichte über durchgerostete Scheibenrahmen sind zahlreich. Mit einem flachen Kunststoffspatel wird der Gummirand angehoben und mit dem Sprühröhrchen Wachs rund um die Scheibe eingesprüht. Man kann alternativ auch elastische Dichtungsmasse, vor allem am unteren Rand, einspritzen. Eine Innenkonservierung des Scheibenrahmens mit beispielsweise Mike Sanders Korrosionsschutzfett ist möglich, wenn man nachträgliche Bohrungen am unteren Teil der A-Säule, unterhalb der Höhe des Außenspiegels (siehe auch S. 136) anbringt. Unter den Windschutzabweisern an der Frontscheibe sollte ebenfalls für Konservierungsschutz gesorgt werden (W 463). Dazu die Hohlnieten der beiden Windschutzabweiser rechts und links von der Scheibe ausbohren, Windabweiser abnehmen und die Kanten des Scheibenrahmens konservieren. Windabweiser mit V2A-Blechschrauben wieder anschrauben.

Scheibenwischerachsen (auch Heckscheibenwischer)

Vier Mal in 22 Jahren wurden bei meinem 240 GD die Scheibenwischerachsen erneuert. Folgende Arbeitsschritte sind notwendig: Zunächst die Scheibenwischerarme abschrauben; dazu die Kunststoffkappe hochklappen, Mutter abschrauben und mittels eines kleinen Abziehers die Wischer abheben. Eventuell die große Befestigungsmutter lösen, die Achsteile gut einfetten und die Fläche rund um die Achse konservieren. Leider ist im Handel keine entsprechende Edelstahlmutter (Schlüsselweite 22 mm, sehr flach) zu finden. Alles mit Wachs konservieren und die runde Plastikabdeckung aufsetzen, Wischerarme wieder in richtiger Lage anbauen (V2A-Mutter und Wellscheibe). Hierbei unbedingt beachten, dass die Wischerachse in der Endstellung stehen muss! Die Achse des Heckscheibenwischers ist übrigens nicht einmal verchromt.
Scheibenwischergummis gibt es einzeln zu kaufen. Sie passen für verschiedene Wischer, gegebenenfalls einfach kürzen.
- W 460: Wischergummi, Nr. A 0008246127 - ca. 7,- Euro
- W 460: Wischerarm, Nr. A 001 820 11 44 - ca. 24,- Euro

Versteckt unter einem Deckel im Kofferraumboden hat man Zugang zum Tankgeber. Im Lauf der Jahre sammelt sich da viel Dreck und Rost an. Ab Werk sind nur die Anschlüsse – und diese sparsamst – konserviert.
Die äußeren Abdichtgummis der Seitenscheiben in den Türen (Türschacht) sind oft etwas zu kurz, so dass ablaufendes Wasser in die Türen dringt. Diese Lücken schließt man am einfachsten mit schwarzer Knetmasse.
Auch an den Zusatzblinkleuchten (W 460) beginnt an beiden Bohrungen unter der Zusatzblinkleuchte der Rostfraß schneller als erwartet. Deshalb mit Wachs gut schützen und mit einer V2A-Schraube wieder befestigen.

Innenraumkonservierung (W 463)

Der Korrosionsschutz an gepunkteten Blechen im Innenraum ist für eine Langzeitkonservierung enorm wichtig. Das Wachs diffundiert zwischen die beiden Bleche entlang der Überlappungskante.

Nachrüstung der Innenkotflügel und Stoßleisten

Im Jahre 1994 wurden Kunststoff-Innenkotflügel in meinen 240 GD (siehe S. 138) eingebaut. Die Befestigungswinkel aus Edelstahl muss man selber anfertigen (1 mm starkes Edelstahlblech) und im Kotflügel sowie an der Karosserie anschrauben. Zur Befestigung können die Kunststoffschraubclipse vom 260 E (W 124) verwendet werden. Es genügen vier bis fünf solcher Winkel. Dieser Umbau ist eine wirklich effektive Maßnahme zur Rostverhinderung.

Man kann auch die Plastikstöpsel (Nr. A 4609940145) verwenden, wie sie beim W 463 in den Winkeln für die Innenkotflügel und bei den seitlichen Gummileisten eingesetzt werden. In die Winkel muss ein 10 mm großes Loch gebohrt werden. Die Innenkotflügel werden dann mit V2A-Blechschrauben und Beilagscheiben angeschraubt.

Wer es aus welchen Gründen auch immer vorzieht, die Befestigungswinkel für die Innenkotflügel nicht aus V2A-Blech anzufertigen, wird nach gut 10 Jahren feststellen, dass der Rost hier gnadenlos zugeschlagen hat.

Beim W 463 sind die Innenkotflügel serienmäßig, bei den Kotflügelverbreiterungen kann man die Befestigungswinkel für die Innenkotflügel – natürlich auch aus Edelstahl – gleich selber anfertigen. Da ein Winkel im Teilehandel mittlerweile über 7,- Euro kostet, lohnt sich dies allemal.

Bei G-Modellen der Baureihe W 463 sind die Plastik-Innenkotflügel an den äußeren Kotflügeln mittels kleiner, stark rostgefährdeter Blechwinkel angeschraubt. Es empfiehlt sich auch hier, diese durch Winkel aus V2A-Blech (1 mm stark) zu ersetzen. Die Anfertigung ist gar nicht so kompliziert, etwas Werkzeug und eine Standbohrmaschine sollten vorhanden sein.

Blechreste bekommt man bei Karosseriebauern meistens geschenkt, fast alle Betriebe verarbeiten inzwischen V2A-Bleche. Mit einer Hebelschere schneidet man sich kleine Blechrechtecke von 4 x 3 cm ab oder lässt sie sich vom Fachmann abschneiden. Wir benötigen insgesamt 16 Bleche, je drei für vorne und je fünf für hinten.

Ganz Sorgfältige glätten die gerne mal sehr scharfen und rauen Kanten mittels Feile oder Bandschleifer. Ein ausgebauter Winkel (oder ein neu gekaufter Halter, Nr. A 4638812014) wird plan geklopft und dient als Muster.

Nun werden mittels Körner das kleine (6 mm) und das große Loch (10 mm) markiert und gebohrt. Mit einer Metallsäge oder mit einer kleinen Flex schneidet man den Schlitz ein. Dann kann der neue Winkel analog zum alten gebogen werden. Eine kleine Abkantbank aus zwei Winkeleisen im Schraubstock verhilft dabei zu einer sauberen Kante.

Die abgekantete Lasche beim kleinen Loch verhindert ein Verdrehen des Haltewinkels. In das große Loch kommt dann der Plastikstopfen. Hier kann man die alten Stopfen verwenden,

▲ *Zum nachträglichen Konservieren mit Wachs muss die Schutzfolie (PE) an der (hier rechten) Tür geöffnet werden (W 460 abgebildet).*

▲ *Nachträgliche Wachskonservierung an der Tür beim W 463*

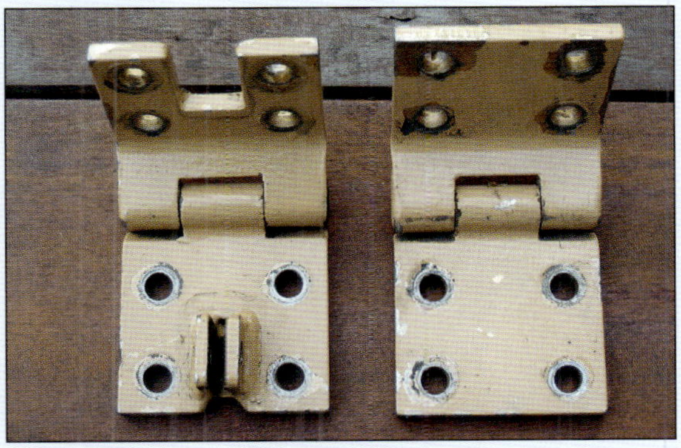

▲ *Die Türscharniere (hier W 460 abgebildet) können mit der Zeit ausleiern. Als Ersatzteil bekommt man neue Scharniere zum Anschrauben. Wenn die Scharniere im Fahrzeug noch verschweißt sind, befinden sich am Innenblech die Löcher für die Schrauben.*

▲ Hier gut zu erkennen: Der bei einem W 460 nachträglich montierte Innenkotflügel eines W 463.

▲ Im Inneren des Kotflügels bilden sich beim W 460 oft Roststellen infolge von Beschädigungen und Verschmutzungen durch Geländefahrten.

▲ Die dünnen filigranen Haltebleche sind auch mit Innenkotflügel nicht vor Rost sicher (wie hier beim W 463), eine zusätzliche Konservierung von außen kann helfen.

▲ Selbstgebaute Anschraubwinkel aus Blech (verrostet) und aus V2A

▲ Haltewinkel aus V2A nach 4 Jahren, hier hat der Rost keine Chance.

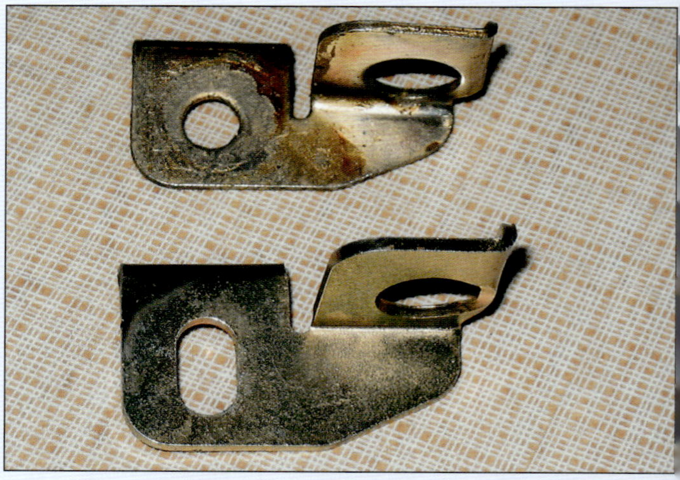

▲ Die originalen Haltewinkel werden irgendwann im Autoleben bestimmt wegrosten.

soweit sie noch tauglich sind. Bei älteren G-Modellen sollte man neue Stöpsel nehmen (Nr. A 4609940145). Im Jahr 2005 haben sich die Halter übrigens geringfügig verändert: Das kleine Befestigungsloch ist nun länglich ausgeführt.
Am sinnvollsten ist es natürlich, gleich alle Blechschrauben von Innenkotflügel und Kotflügelverbreiterung durch solche aus V2A-Material zu ersetzen. Eine bewährte Bezugsquelle für V2A-Schrauben ist seit vielen Jahren die Fa. Wegertseder GmbH (gute Preise und guter Service, es gibt auch kleinere Teilmengen oder Sortimente, die sind aber letztlich teurer).

Benötigte Teile:

- Sechskant-Blechschraube, Nr. 7976/A2 4.2 x 25 – 100 Stück ca. 8,- Euro
- Sechskant-Blechschraube, Nr. 7976/A2 4.2 x 32 – 50 Stück ca. 5,- Euro
- Unterlegscheiben, Nr. 9021/A2 5,3/M5 – 100 Stück

Zum Anschrauben des Innenkotflügels bevorzuge ich Kreuzschlitzschrauben gegenüber den sechseckigen. Sie lassen sich schneller einschrauben (Linsen-Blechschrauben mit Halbrundkopf, Nr. 7981/A2 4.2 x 16).
Für die Schrauben mit sechseckigem Kopf bei der Kotflügelverbreiterung empfiehlt sich die Anschaffung eines kleinen Ringschlüssels mit Ratschenring 7 x 8; nur so kann man die alten Schrauben schnell herausdrehen. Mit einem 7er-Gabelschlüssel gelingt es aber auch.
Die Preise für die rostanfälligen Winkel lassen eigentlich nur eine logische Schlussfolgerung zu: selber bauen aus V2A-Material.

Benötigte Teile

- Winkel/Halter, Nr. A 4618811314 – ca. 8,- Euro
- Winkel/Halter, Nr. A 4638812014 – ca. 2,50 Euro
- Stöpsel/Sicherung, Nr. A 4609940145 – ca. 1,- Euro

Einen geübten Handwerker kostet so ein Winkel 10 Minuten Arbeitszeit und sonst nichts, wenn man einmal von der Werkstattausrüstung absieht. Man könnte natürlich solche Winkel auch in einer Firma stanzen lassen, aber dann wird es teuer.
Der Originalwinkel (Nr. A 4638812014) zum Preis von ca. 2,50 Euro wurde durch den Winkel Nr. A 4618811314 zum Preis von ca. 7,20 Euro ersetzt. Nach fast 3 1/2 Jahren ergab eine Untersuchung mit abgeschraubtem Innenkotflügel, dass kein Rost sichtbar war.

Selbst bei einem neuen W 463 (2/2006) sollte man alle Verbreiterungen und Innenkotflügel abschrauben und Winkel sowie Schrauben durch solche aus V2A-Material ersetzen. Der werkseitige Korrosionsschutz ist in diesem Bereich bestimmt nicht optimal umgesetzt.

Ersatzteilnummern für Innenkotflügel W 460 ohne Kotflügelverbreiterung

- Vorne links: Nr. 463 884 0222 – ca. 56,- Euro
- Vorne rechts: Nr. 463 884 0322
- Hinten links: Nr. 463 884 0622 – ca. 62,- Euro
- Hinten rechts: Nr. 463 884 0722

Innenkotflügel mit Kotflügelverbreiterung
Radabdeckungen – Radkasten – Gummiteile des Aufbaus

Der G 290 TD ist in Serienausführung (W 461) mit so genannten „Lippen" als Kotflügelverbreiterung (ca. 20 mm pro Seite) ausgestattet. Hergestellt sind sie aus robustem Massiv-Elastomer. Die M5-Befestigungsschrauben sind mit dem Schraubenkopf einvulkanisiert. **Achtung:** Bei einer solchen Ausstattung müssen auch entsprechend schmale (!) Innenkotflügel verwendet werden! Die schmalen Kotflügelverbreiterungen gibt es in Kombination mit der Sonderausstattung 59623 03, Bereifung 235/85-16.

Teilenummern schmale Kotflügelverbreiterung:

- vorne links, Nr. A 461 880 12 06
- vorne rechts, Nr. A 461 880 13 06
- hinten links, Nr. A 461 880 03 21
- hinten rechts, Nr. A 461 880 04 21

Gummiseitenleisten am W 463

Die Gummiseitenleisten am W 463 sind nicht verschraubt wie bei Fahrzeugen der Baureihen W 460/461, sondern mit doppelseitigem Klebeband fixiert. Für den Zweck eignet sich eigentlich nur das doppelseitige Hochleistungsklebeband aus der VHB-Serie von 3M (wird auch in der Originalausstattung verwendet!), z.B. das VHB 4941. Es ist dunkelgrau und 1,1 mm stark, die benötigte Breite ist 12 mm. Eine Rolle dieses Materials ist 33 Meter lang.
Die Gummileiste unter den Türen ist an Plastikstöpsel angeschraubt. Eine Abdeckung verdeckt die Schrauben.

Gummiseitenleisten am W 460

Die Gummileisten bei den älteren G-Modellen (W 460) sind verschraubt. Leider befinden sich auf der Rückseite der Leisten

▲ *Kotflügel (wie hier abgebildet) und Motorhauben aus GFK werden aus Gewichtsgründen oft für Motorsport-einsätze verbaut. Sie sind aber auch die Antwort auf alle Rostfragen.*

▲ *Die abgebildete Tür aus GFK taugt wegen der schlechten Dichtheit nur für den Motorsport. Eine Tür aus Kohlefaser hingegen ist wahrscheinlich alltagstauglich, aber extrem teuer.*

neben jeder Durchbohrung Löcher in der Gummierung. Da schaut dann das innere Blech heraus und korrodiert nach einigen Jahren bis in die Gummileiste, sozusagen eine „eingebaute Durchrostung". Außerdem korrodieren auch die Löcher im Blech um die Plastikstöpsel herum. Seit ich die Leisten entfernt und gut mit Wachs konserviert habe, gibt es keine Probleme mehr.

Die Teilenummern für beide Versionen: (W 463 Teile müssen auf W 460 angepasst werden)

Breite Innenkotflügel

- vorne rechts, Nr. A 4638840122 – ca. 56,- Euro
- vorne links, Nr. A 4638840022 – ca. 56,- Euro
- hinten links, Nr. A 4638840422 – ca. 54,- Euro
- hinten rechts, Nr. A 4638840522 – ca. 54,- Euro

Die breiten Innenkotflügel haben den Vorteil, dass sie bis zum Außenrand der Verbreiterungen reichen und damit sicher verhindern, dass Wasser zwischen Karosserie und Keder der Verbreiterung durchläuft und dort Rost entsteht. Es empfiehlt sich auf jeden Fall, die Verbreiterungen einmal abzunehmen und mit V2A-Edelstahlschrauben neu festzuschrauben.

Gummistopfen/Verschlussstopfen

Es gibt verschiedene Größen von Stopfen, die zum Verschluss von Montage- oder Abflusslöchern vorgesehen sind.

Teilenummern

- Nr. A 0009973620 – 24,5 mm, neue Ausführung
- Nr. A 1139870044 – 22 mm
- Nr. A 1109871044 – 16 mm
- Nr. A 1169870044 – 13 mm

Anhängerkupplung

Die Anhängerkupplung D96 von Oris gab es 1979 als Sonderausstattung für den G (Nr. 28009/01 7-polig, Code E1/E49/E41/E79). Technische Daten:

- Prüfzeichen: M4096
- Zulässiges Gesamtgewicht des Kfz: 3000 kg
- Zulässige Anhängelast: 2000 kg
- Stützlast: 75 kg

Einbau oder Umbau auf 2800-kg-Kupplung (EPC: 31 Rahmen)

Für die G-Modelle gibt es verschiedene Anhängerkupplungen, beispielsweise mit Kugelkopf (Oris D96/4) oder Fangmaul (Rockinger 243 U 115EA). Der seit dem Jahr 1990 bei den Baureihen W 461/463 verwendete Kugelkopf-Typ D96/4 ermöglicht beim Modell mit langem Radstand (2850 mm) mit Schrauben M14 x 1,5, Güte 10.9, eine Anhängelast von 3500 kg inklusive Stützlast von 140 kg und einen Deichselwert D über 16 kN. Dazu findet sich im Ersatzteilprogramm von Mercedes-Benz ein Teilesatz (Nr. A 4633100081), ca. 35,- Euro, siehe WIS SI31.00-P-0002C. Für den Typ 461/Wolf ist eine Kupplung mit drehbarem Zughaken (Nr. A 4613100104) erhältlich.

▲ *Eine gut gepflegte Anhängerkupplung sollte möglichst rostfrei sein.*

▲ *Typenschild: Die ersten G-Modelle verfügten über eine AHK mit zulässiger Anhängelast von nur 2000 kg (1979). Diese ist leicht gegen eine neuere Kupplung mit 2800 kg oder 3500 kg zu tauschen.*

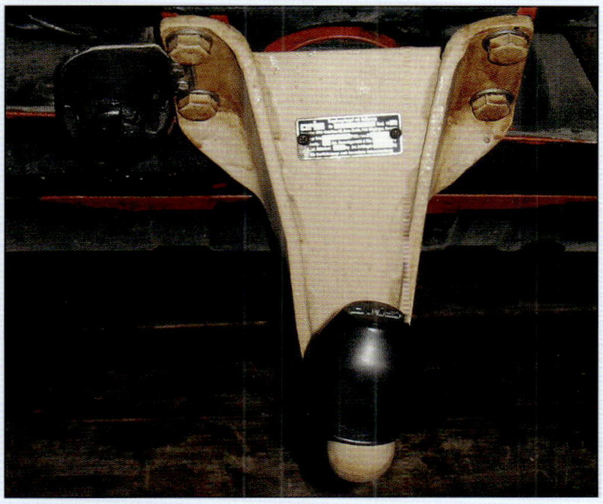

▲ *Der G wird oft als Zugfahrzeug verwendet – gut, wenn die Steckdose stabil angebaut und immer funktionstüchtig ist.*

▲ *Die Kontaktnummerierung an einer 13-poligen Anhängersteckdose.*

Den Eisenring am Anhängebock für die Befestigung der Steckdose sollte man durch ein 3 mm starkes Edelstahlblech ersetzen, das mit zwei M6-Schrauben befestigt ist.

Steckdose

Die siebenpolige Steckdose ist über zwei in der Dose wasserdicht vergossene Kabel (ein langes und ein kürzeres) über spezielle Stecker mit Verschraubungen angeschlossen. Die Steckdosenbelegung zeigt auch die Anschlüsse.

Anschlüsse Steckdose (7-polig)

- 1: L, Blinklicht links
- 2: 54g, Nebelschlussleuchte
- 3: 31, Masse
- 4: R, Blinklicht rechts
- 5: 58R, Schlusslicht rechts/Kennzeichenbeleuchtung
- 6: 54, Bremsleuchten
- 7: 58L, Schlusslicht links

Kabelfarben (Grundfarbe/Streifen)

- Langes Kabel: 1 = schwarz/weiß; 3 = braun; 7 = grau/grün
- Kurzes Kabel: 4 = schwarz/grün; 5 = weiß/rot;
  6 = schwarz/rot

Anschlüsse Steckdose (13-polig)

- 1: Blinklicht links
- 2: Nebelschlussleuchte
- 3: Masse für 1 - 8
- 4: Blinklicht rechts

▲ *Pin-Belegungsplan einer 7-pol. Anhängersteckdose*

▲ *Die Anhängersteckdose (siebenpolig) des W 460*

- 5: Schlusslicht rechts/Kennzeichenbeleuchtung
- 6: Bremsleuchten
- 7: Schlusslicht links
- 8: Rückfahrleuchte
- 9: Dauerplus Kl30
- 10: Ladeleitung +B für Anhängerbatterie
- 11: frei
- 12: frei: Anhängerkennung / low aktiv
- 13: Masse 9 – 13

Adapter ermöglichen übrigens den Anschluss 7-poliger Stecker (gibt es günstig im Zubehörhandel, z.B. von Westfalia) an die 13-poligen Steckdosen.

▲ *Das Halteblech der Anhängersteckdose ist häufig vom Rost zerfressen. Eine Umrüstung auf ein Halteblech aus V2A lohnt sich auf jeden Fall.*

Anhängerkupplung und Reserverad

Wegen EU-Vorschriften zur seitlichen Einsicht auf die Heckleuchten muss das Reserverad ab Werk höher montiert sein als eigentlich sinnvoll. Durch Drehen der Anschraubplatte um 90 Grad kommt das Reserverad um gut 10 cm nach unten und man erhält mehr Sicht nach hinten. Diese Umstände sollte man bei einer TÜV-Vorführung auf jeden Fall bedenken.

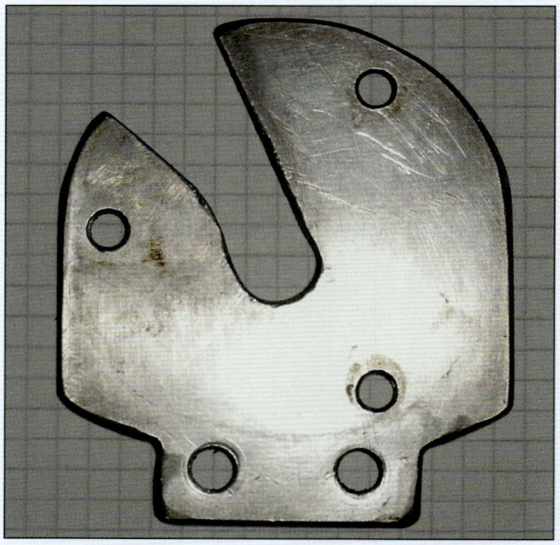

▲ *Das Halteblech aus V2A (3 mm stark) ist einfach anzufertigen und eine sinnvolle Korrosionsschutzmaßnahme.*

Benötigte Teile

- Anhängerkupplung-Kugelkopf W 460:
  Nr. A 0013158299 – ca. 270,- Euro
- Steckdose mit Leitungssatz:
  Nr. A 4605401308 – ca. 45,- Euro
- Steckdose (7-polig):
  Nr. A 0025450826 – ca. 8,- Euro
- 7-poliger Stecker:
  Nr. A 0135459728 – ca. 9,- Euro

EPC: Gruppe 54

- Verschraubung: Steckerteile an Steckdose und Leitung
- Mutter:
  Nr. A 0009904954 – ca. 1,- Euro
- Verschraubung (Stutzen):
  Nr. A 0019976572 – ca. 1,- Euro
- Scheibe (Ring):
  Nr. A 0019906440 – ca. 0,50 Euro
- Gummitülle:
  Nr. A 0029970781 – ca. 2,- Euro

Steckereinsätze I

- Gehäuse (Buchse) für vier Steckereinsätze:
  Nr. A 0055454628 – ca. 1,- Euro
- Steckergehäuse (Gegenstück mit Zapfen) für vier Steckereinsätze:
  Nr. A 0055454528 – ca.1,- Euro

Steckereinsätze II

- Steckereinsatz (Flachsteckhülse):
  Nr. A 0075458226 – ca. 0,50 Euro
- Steckereinsatz:
  Nr. A 0075454026 – ca.1,- Euro

▲ *Gewerblich genutzte G-Modelle im Forst- und Baustellenbetrieb werden meist entsprechend hart rangenommen. Beim Gebrauchtwagenkauf sollte man deshalb besonders auf den Zustand der Verschleißteile achten. Nicht selten entpuppt sich manches Schnäppchen als kostenintensiver Restaurierungsfall.*

ABSCHNITT ZEHN

ELEKTRIK

Die Elektrik in modernen Kraftfahrzeugen gestaltet sich mittlerweile sehr komplex und unübersichtlich. Gerade bei den neuen G- Modellen ist die Elektronik extrem auf dem Vormarsch. Alle möglichen Funktionen werden elektrisch gesteuert und geregelt. Die nachfolgenden Hinweise vermitteln einen guten Eindruck, wie umfangreich dieses Thema sein kann. Trotzdem kann es passieren, dass dem G-Fahrer in ganz hartnäckigen Fällen nur der Weg zum Mercedes-Benz Partner seines Vertrauens bleibt. Die Vertragswerkstätten verfügen über moderne Diagnosetechnik, die das Auslesen des Fehlerspeichers und die zügige Beseitigung der Störung ermöglicht.

◀ *Auch der Anlasser, wie das hier gezeigte Exemplar aus einem 280 GE, ist kompatibel mit den Versionen aus den Mercedes Pkw- und Transporterbaureihen. Achtung: Das angebaute Hitzeblech ist unbedingt erforderlich! Die Auspuffanlage des G führt dicht am Anlasser vorbei und dieser reagiert sehr empfindlich auf übermäßige Hitze.*

▶ *Der „geheime Startkasten": Bei defektem Magnetschalter kann der Motor durch Überbrücken der Kontakte mit Hilfe eines vernünftig stabilen Schraubendrehers angelassen werden.* ***Achtung:*** *Bei einer solchen Maßnahme fließen hohe Ströme! Damit diese Methode im Ernstfall auch erfolgreich praktiziert werden kann, sollte man die Anschlüsse regelmäßig auf Korrosion prüfen. Rost ist bekanntlich ein schlechter Stromleiter.*

Anlasser – Fehlersuche und Austausch

Bei Problemen mit dem Anlasser ist häufig der Magnetschalter des Starters defekt. Ein Klacken beim Startversuch deutet darauf hin. Oft startet der Anlasser, wenn man beim Startversuch mit dem Hammer auf ihn klopft und der Magnetschalter dann einrückt. Um sicherzustellen, dass wirklich der Anlasser die Fehlerquelle ist, kann man ihn kurzschließen. Beim W 460 geht das sehr einfach. Unter dem Luftfilter befindet sich eine Kunststoffklappe; die dahinter verborgenen Schrauben mit einem Schraubendreher verbinden – schon startet der Motor. (**Achtung:** Vorher darauf achten, dass kein Gang eingelegt ist!). Wenn der Motor startet, ist der Anlasser in Ordnung.

Gibt der Anlasser beim Startversuch gar kein Geräusch von sich, können die Ursachen vielfältiger Natur sein. Kommt Strom beim Anlasser an, ist die Ursache des Versagens mit Sicherheit ein defekter Anlasser. In diesem Fall muss er getauscht oder repariert werden.

Wenn kein Strom am Anlasser ankommt, können die Stromleitungen schadhaft sein oder der Defekt liegt im Bereich des Zündschlosses. Bei Automatikfahrzeugen kann auch der Anlassersperrschalter am Getriebe die Ursache einer Fehlfunktion sein.

◀ *Diese Lichtmaschine am 290 GD Turbo ist nicht mehr gekapselt; bei älteren G-Modellen sind die Lichtmaschinen noch gegen Schmutzwasser geschützt.*

▼ *Einfach zu unterscheiden: Die alten G-Varianten besitzen einen oder zwei kurze Keilriemen, die neuen Modelle benötigen nur noch einen langen Riemen. Beim W 460 muss der Keilriemen über den Halter der Lichtmaschine gespannt werden. Der W 463 und W 461 verfügen über eine separate Spannvorrichtung an einer Spannrolle des Keilriemens.*

◀ *Häufigste Ursache für das Versagen der Lichtmaschine sind abgenutzte Kohlen des Lichtmaschinenreglers. Der Regler ist an der Rückseite des Aggregats (wie hier zu sehen) mit zwei kleinen Schrauben befestigt.*

Fahrzeuge mit Schaltgetriebe können im Schadenfall problemlos angeschleppt werden. Gleiches gilt auch für alle Automatikmodelle bis Baujahr August 1990, sie verfügen noch über ein Automatikgetriebe mit Sekundärpumpe. Das Fahrzeug muss dabei zunächst 60 Sekunden mit 40 km/h in Stufe N (Leerlauf) geschleppt werden, dann den Wählhebel in Stufe 2 ziehen und der Wagen springt sofort an. Dabei sorgfältig schalten – sollte der Wagen versehentlich in Stufe R geschleppt werden, stirbt das Getriebe einen schnellen Tod!

Fehlersuche bzw. Austausch der Lichtmaschine am W 460

Wenn die Ladekontrolle leuchtet, während der Motor läuft, versagt die Lichtmaschine ihren Dienst. Ursache kann ein defekter Regler sein (Kohlen abgenutzt). Dieser lässt sich leicht tauschen, er ist nur mit zwei kleinen Schrauben an der Rückseite der Lichtmaschine befestigt. Generell ist darauf zu achten, dass die Ladekabel von der Lichtmaschine zur Batterie in einwandfreiem Zustand sind. Ist auch dies der Fall und wird die Batterie dennoch nicht geladen, bleibt nur der Austausch der Lichtmaschine.

Die älteren G-Modelle (alle W 460 und die W 461 bis 1996) verfügen über zwei Keilriemen (einer für die Lichtmaschine und einer für die Servopumpe). Der Keilriemen wird an der Lichtmaschine mittels einer verstellbaren Schraube gespannt. Dort wird diese Schraube erst gelöst, nachdem die Befestigungsschrauben der Lichtmaschine vorher gelockert wurden. Löst man dann die verstellbare Schraube, lockert sich der Keilriemen und kann abgenommen werden. Danach werden die Befestigungsschrauben herausgedreht und die Lichtmaschine kann entfernt werden.

Die neue Lichtmaschine einsetzen und Schrauben eindrehen. Beim Aufziehen des Keilriemens die Lichtmaschine mit der Hand oder einem Brecheisen auf Spannung halten und die verstellbare Schraube anziehen, bis der Keilriemen stramm ist, erst dann die Befestigungsschrauben der Lichtmaschine festziehen.

Bei den neueren G-Modellen (W 463 und W 461 ab 1997) gibt es nur noch einen Keilriemen, der alle Aggregate antreibt. Dieser wird zentral über eine Spannrolle gespannt. Hier wird die Lichtmaschine zunächst fixiert, danach wird der Keilriemen mit der Spannvorrichtung gespannt.

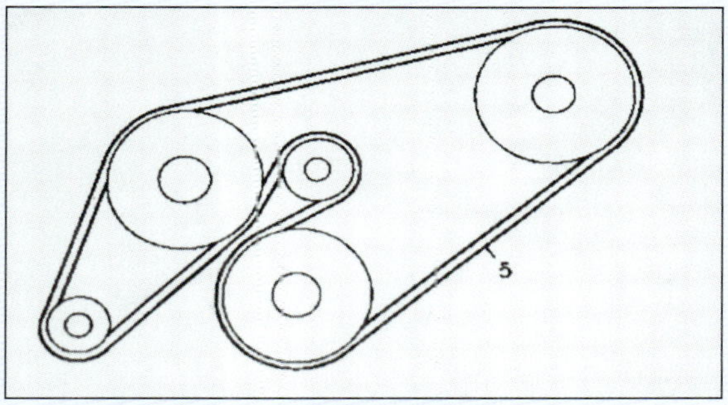

▲ *Den Verlaufsplan des Keilriemens (hier 290 GD Turbo) sollte man in jedem Fall bereithalten, damit es beim Einbau nicht zu Verwirrungen kommt.*

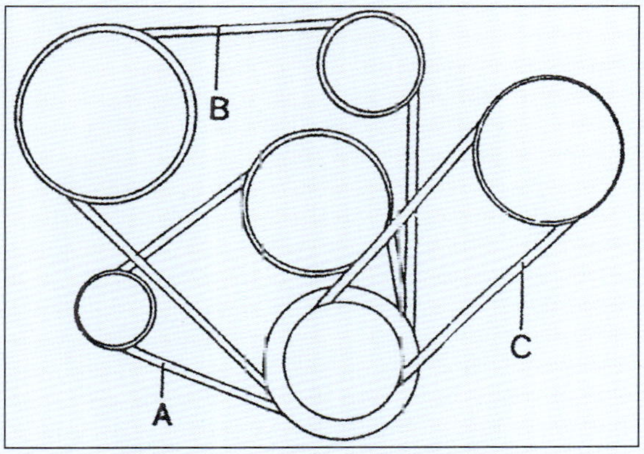

▲ *Die neuen Modelle besitzen zwei Keilriemen; sofern eine Klimaanlage an Bord ist, kommt noch ein weiterer hinzu.*

Ausbauen, Überholen und Ersetzen des Tachometers (W 460)

Nachrüstung eines elektronischen Rund-Tachometers von VDO

Nach über 23 Jahre makelloser Zuverlässigkeit krankte der serienmäßige VDO-Tacho in meinem 240 GD vor einiger Zeit zum zweiten Mal daran, dass die Kilometeranzeige defekt war. Die Reparatur durch einen VDO-Tachodienst hielt eine gewisse Zeit, dann trat der Fehler wieder auf. Die Ursache sind Alu- bzw. Kunststoffzahnrädchen, die nach vielen Jahren auf ihrer Metallachse durchrutschen. Eine Eigenreparatur solcher Defekte scheitert zumeist an der Tatsache, dass man die Tachonadel nicht von der Achse abziehen kann, ohne die Lager der Nadel zu zerstören. Für Uhrmacher und extrem handfertige und geduldige Schrauber: Das durchrutschende Alu-Zahnrad kann auch seitlich zusammen mit der Achse durchbohrt und mit einem Splint versehen werden ...

▲ *Der originale mechanische Tacho beim W 460 (308.940 km) hat auch seine Macken. Entweder „hüpft" die Tachonadel, dann ist eines der Kunststoffantriebszahnräder verschlissen, oder der Kilometerzähler bleibt stehen, dann ist eines der Kunststoffzahnräder im Zählwerk abgenutzt. Da hilft nur ein Tauschtacho oder ein elektronischer Nachrüsttacho von VDO.*

Aus mehreren Gründen lohnt sich deshalb der Entschluss, einen elektronischen Tacho von VDO einzubauen:

- Die Ersatzteile für den alten Tacho sind genauso alt und gebrauchte Tachos haben den selben Fehler!
- Ein neuer Tacho (Nr. A 0115420306) kostet ca. 480,- Euro. Den elektronischen Tacho von VDO, der programmierbar ist (VDO cockpit vision, Nr. 437 015 007 G, 100 mm Durchmesser), gibt es zum Preis von ca. 195,- Euro.

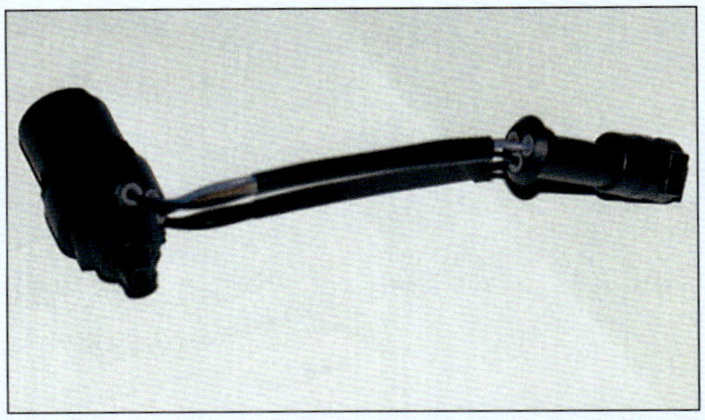

▲ *Der Impulsgeber für den elektronischen Nachrüsttacho*

▲ *Bei der Umrüstung auf eine andere Reifengröße muss bei mechanischen Tachos der Winkeltrieb getauscht werden.*

▲ *Frontseite des elektronischen Tachos, ohne Blinkeranzeige, die zusätzlich eingebaut werden muss.*

▲ *Rückseite des elektronischen Tachos*

- Keine neuen Winkelgetriebe bei Änderung der Reifen-/Felgen-Dimensionen; es gibt einen Impulsgeber (Hallgeber) für die Tachowelle.
- Das Ganze kostet nur die Hälfte.
- Beim Wechsel der Reifen auf eine andere Größe muss nicht extra ein anderer Tachoantrieb (Winkeltrieb) für ca. 125,- Euro gekauft werden, denn der elektronische Tacho lässt sich auf verschiedene Radgrößen kalibrieren.

Tacho-Ausbau

Mit einem breiten Schraubendreher drückt man an mehreren Stellen unter dem Tachorand den Tacho vorsichtig nach vorne, bis man ihn herausziehen kann. Alle Stecker abziehen und die Tachowelle abschrauben. Der alte Gummiring, der zur Fixierung des Tachos dient, wird auf den neuen Geschwindigkeitsmesser geschoben. Die Stecker der Pluskabel der Tachobeleuchtung kommen gleich an die neuen Fassungen. Die Masseanschlüsse der beiden Lämpchen müssen neu verdrahtet werden. Das Gehäuse des mechanischen Tacho ist nämlich aus Metall und damit Massegeber für die Kontrolllämpchen; das neue Tachogehäuse ist aus Kunststoff gefertigt.

Der Stecker am Impulsgeber (Hallgeber) wird abgeschnitten und an den drei Leitungen normale Flachstecker für AMP-Stecker aufgepresst. Das schwarze Kabel kommt an eine abgesicherte Plusleitung von der Zündung (Klemme 15). Das braune Kabel ist die Masseleitung und das blau/rote Kabel (Impulse) kommt gleich in den AMP-Stecker.

Die Tachowelle kann auf einer Seite am Geber (M18 x 1,5) wieder angeschraubt werden. Den Vierkantstift der Tachowelle leicht fetten. Wer will, kann vor dem Einbau des Gebers die Impulse mit dem Oszillographen messen, es sind nadelförmige

100 mV-Impulse. Den Geber kann man mit einem Akkuschrauber mit Vierkantstift (passend gefeilter Nagel) im Bohrfutter in Betrieb nehmen. Die Stromaufnahme bei 13 Volt liegt etwa bei 17 mA. Pro Umdrehung werden sechs Impulse geliefert.
Der Geber für die Tachowelle (Pkw-Geber), Nr. 2152-30300000Z, kostet ca. 25,- Euro.
Von den acht Steckanschlüssen auf der Rückseite des neuen elektrischen Tachos werden nur die Anschlüsse 8, 4 und 3 verwendet: 3 = Masse, 4 = abgesicherte Klemme 15 (Zündschloss) und 8 = Impulsgeber. Es macht Sinn, eine neue Leitung vom Sicherungskasten zum 8-poligen Tachostecker zu ziehen, den man besser verwenden sollte.

Benötigte Teile

- Elektr. Tachometer VDO/Kienzle,
  Nr. 437-015-007G – 190,- Euro
- AMP-Steckhülse, 8-polig,
  Nr. 163-007-0 – 5,50 Euro

Da der Tacho keine Anzeige für den Blinker besitzt, muss diese nachgerüstet werden. Neben den Sperrenlämpchen kann über der Anhängerkontrolllampe der Blindstopfen durch eine gleiche Anzeige ersetzt werden. Die Kabel von der alten Blinkeranzeige reichen bis zur neuen Fassung. Da die Anzeige nachts zu hell ist, nimmt man einfach ein 24-V-Birnchen, das auch am Tag ausreichend hell leuchtet.

Benötigte Teile

- Gehäuse: Nr. A 0005451630 – ca. 2,- Euro
- Fassung: Nr. A 0005452319 – ca. 3,- Euro
- Lichtscheibe: Nr. A 0035452190 – ca. 2,- Euro
- Glühbirne: Nr. N 07260102490, 24V 4W

Der neue Tacho muss natürlich auch geeicht werden. Dazu fährt man auf einem einsamen Landsträßchen mit einem Referenzauto mit genau gehendem Kilometerzähler (100-m-Anzeige) langsam eine Strecke von genau 1 km und markiert Anfang und Ende.
Die automatische Einstellung des elektronischen Tachos geht nun so:
a) Den kleinen Gummitaster am Tacho gedrückt halten und die Zündung einschalten. Im Zwei-Sekunden-Takt wechselt die Anzeige im Display. Wenn „AutoCL" erscheint, den Taster loslassen.
b) Motor starten, losfahren und bei der ersten Markierung Taster kurz drücken. Im Display des Tachos blinkt die Anzeige „Start". Mit gleichbleibender Geschwindigkeit bis zur zweiten Markierung (1 km) fahren und Taster wieder drücken. Anzeige wechselt dann wieder zur Anzeige des Kilometerstandes und der Tacho ist einsatzbereit.
c) Die gemessene Impulszahl wird angezeigt, wenn beim Einschalten der Zündung und dauernd gedrücktem Taster bei der Anzeige „Pulse" der Taster losgelassen wird.
d) Impulszahl einstellen
Zur Einstellung der Impulszahl (Kalibrierung) ist es am empfehlenswertesten, den nächsten VDO Service aufzusuchen. Dort wird auf dem Prüfstand eine vorgegebene Strecke simuliert und die korrekten Kalibrierungswerte (Tachosignal) im Tacho eingestellt. Der VDO Service kann den Tacho gegebenenfalls auch auf andere Reifengrößen oder geänderte Achsübersetzungen einstellen.
Da ein Winkelgetriebe zur Anpassung an eine andere Reifengröße fast soviel wie der neue elektronische Tacho kostet, lohnt es sich, gerade bei einem Wechsel der Rad-/Reifengröße umzurüsten. Leider gibt es keine einfache Möglichkeit, den alten Kilometerstand zu übernehmen (also den Anzeigewert des neuen Instruments zu erhöhen!), da er nicht simpel programmierbar ist. Ein Bericht mit Bildern über die Vorgehensweise ist auf der Webseite http://pinzgauer.kiruna.de zu finden.
Beim W 460 und W 461 bis 1997 sind alle Tachos über eine Welle rein mechanisch mit dem Getriebe verbunden. Die W 463 hatten von 1989 bis 1996 ebenfalls mechanische Tachos, von 1996 bis 1998 besaßen sie aber einen mechanischen Ausgang am Getriebe, der dann ein elektrisches Signal an den Tacho weiterleitete und seit 1998 kommt ein vollelektronischer Tacho zum Einsatz. Die W 461 erhielten 1998 ebenfalls elektronische Geschwindigkeitsmesser

Reparatur des mechanischen Tachos

Wer über entsprechendes handwerkliches Geschick und ein gehöriges Maß an Geduld verfügt, kann natürlich trotzdem versuchen, eine Reparatur an dem mechanischen Tacho durchzuführen. Folgende Hinweise für eine solche Arbeit können hilfreich sein.
Das Abheben der Nadel erweist sich in der Realität dann doch als recht einfach. Man muss sie vorsichtig und sachte mit einem Phasenprüfer abhebeln. Dazu muss der Phasenprüfer zwischen die Spiralfederhalterung und den Stutzen der Nadel gesetzt und langsam ein kleines Stückchen gedreht werden. Das macht man von vier Seiten, dann sollte sich die Nadel lösen.
Nun kann das Zifferblatt durch Entfernen der beiden schwarzen Schrauben abgenommen werden. Nach dem Entfernen des

▲ *Der mechanische Tacho des W 460 mit dem Drücker zur Rückstellung des Tageskilometerzählers.*

▲ *Rückseite des mechanischen Tachos mit dem Eingang der Tachowelle und den Öffnungen für die Beleuchtung.*

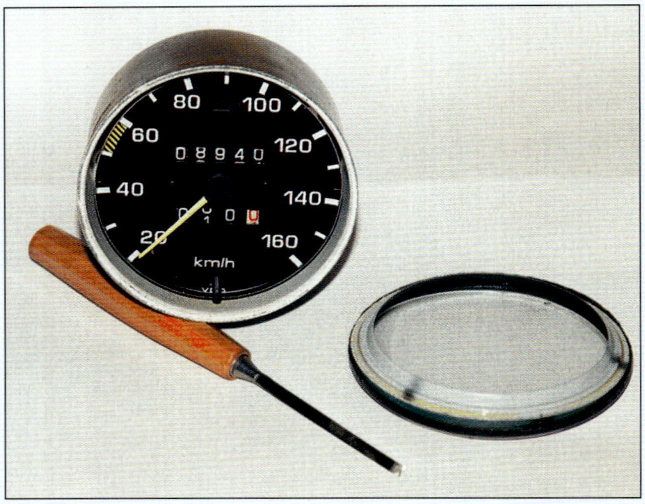

◀ *Zerlegter Originaltacho (Scheibe abgebaut)*

▲ *Originaltacho ohne Gehäuse*

Zifferblatts muss die Spiralfederhalterung auf der Tachowelle ebenfalls sachte abgehoben werden. Dazu verfährt man genauso wie bei der Tachonadel.

Anschließend kann man den Tacho weiter zerlegen und die Welle für den Kilometerzähler entnehmen. Es zeigte sich im vorliegenden Fall, dass das Hauptantriebszahnrad mittig stark abgenutzt war und daher von der Schnecke nicht mehr bewegt wurde. Nach Entnahme der Welle kann man dieses Zahnrad mit „sanfter Gewalt" von der Welle schieben. Dann das Zahnrad an der schmalsten, am stärksten abgenutzten Stelle (Mitte) mit einem scharfen Skalpell in zwei Hälften schneiden. Dabei die Hälften unbedingt gegen unkontrolliertes Wegspringen sichern! Nun die beiden Hälften andersherum wieder auf die Welle setzen und verkleben, so dass der vorherige Rand nun in der Mitte ist. Darauf achten, dass die Zähne richtig voreinander stehen. Alles wieder zusammenbauen. Beim Aufsetzen der Tachonadel auf die Welle darauf achten, dass die Spiralfeder ein kleines bisschen (ca. 1/8-Drehung) vorgespannt ist. Die anschließenden Testläufe sollten dann ohne Zucken und andere Störungen funktionieren.

Nachrüstung Vorwärmanlage

Ein Kaltstart ist bei jedem Motor besonders Verschleiß fördernd, vor allem natürlich im Winter. In den nördlichen Ländern ist der „Tauchsieder" viel bekannter als bei uns. Feuerwehr, Krankenwagen und Flughafendienste haben dieses elektrische Vorwärmgerät immer eingebaut. Am bekanntesten ist das Vorwärmgerät von Waeco (www.waeco.com) oder das von Defa (www.defa.com), einer norwegischen Firma. Vor allem für Fernreisen in arktische Gefilde oder lange Wintersportreisen und Dieselfahrzeuge, die mit Rapsöl gefahren werden, ist eine Vorwärmung nützlich.

Einbau

Der Tauchsieder wird anstelle des Blindstopfens eingeschraubt. Dieser befindet sich auf der rechten Motorseite unterhalb des Auspuffkrümmers. Der Blindstopfen besitzt einen 19-mm-Innensechskant der Spezifikation M38 x 1,5 Feingewinde.

Mit einem 19er-Inbus-Einsatz (1/2 Zoll) kann dieser meist sehr fest sitzende Blindstopfen herausgeschraubt werden. Zuerst jedoch das Kühlwasser ablassen. Nach Abbau des Auspuffkrümmers kann mit einem 1 m langen Rohr als Verlängerung der Blindstopfen herausgedreht werden.

Es wird ein 230-V-Stecksystem von Waeco verwendet. Die Verkabelung ist einfach. Die Anschlüsse mit der Außensteckdose lassen sich leicht verlegen, kleine Kabelschellen sind hilfreich. Man kann z. B. die Steckdose auf die Stoßstange setzen. Der Mercedes-Tauchsieder weist leider nur einen so genannten Schucostecker auf.

Der einzige Haken an diesem System ist die Tatsache, dass ein 230-V-Anschluss in der Nähe sein muss – was problematisch sein kann, wenn der G im Freien steht. Je nach Außentemperatur kommt der Motor in 1-3 Stunden auf etwa 40 bis 50 °C. Besonders bewährt hat sich die Vorwärmung übrigens bei Pflanzenöl (Pöl)-Betrieb und bei Temperaturen unter -25 °C.

Einbau in einen G 270 CDI (W 463)

Beim 270 CDI kann man den Tauchsieder ebenfalls nachrüsten, der Aufwand ist aber deutlich größer, da mehr Anbauteile demontiert werden müssen. Für den ML 270 CDI gibt es von Waeco (oder bei Mercedes-Benz) den Tauchsieder, der übrigens die gleiche Nummer (AWU 265 ST) wie der oben beschriebene hat, also auch das M38 x 1,5 Gewinde. Da der 270 CDI-Rumpfmotor bei ML und G die gleiche Nummer trägt, gibt es vermutlich keine Probleme beim Einbau. Hier steht der Praxistest aber noch aus. Kleiner Tipp am Rande: Bei Waeco gibt es einen Werksverkauf (www.waeco.com/de) mit reduzierten Preisen bei kleinen Feh-

▲ *In Alaska und Schweden alltäglich, bei uns nahezu unbekannt: der Froststecker für den Motor. Das Triebwerk wird damit über Außenstrom beheizt.*

▲ *Der Froststecker funktioniert nach dem Prinzip des Tauchsieders. Er garantiert einen betriebswarmen Motor ab Start bei jeder Außentemperatur. Spritfressende und verschleißfördernde Kaltstarts werden vermieden.*

▲ *Bei älteren Motoren werden die Froststopfen anstatt der „Blindstopfen" (oft aus Messing) in den Motorblock eingesetzt.*

▲ *Bei modernen Motoren wird ein Adapter (wie hier der für den G 500/G 55 K) benötigt. Laut EPC gibt es sie nur für Fahrgestellnummern von Fahrzeugen, die in die USA ausgeliefert wurden. Doch auch die G-Modelle in Schweden fahren mit dem originalen Mercedes Froststopfen.*

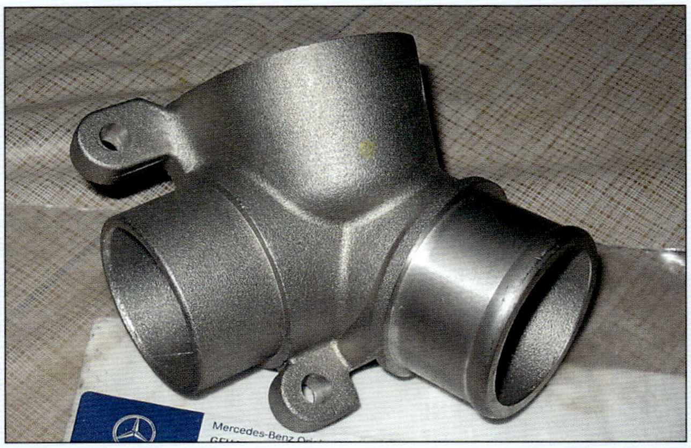

▲ Hier der originale Mercedes-Benz Adapter für den G 500/G 55 AMGK

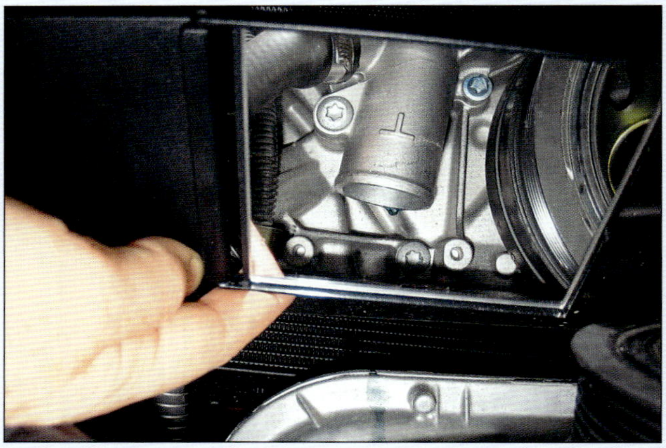

▲ Im Taschenspiegel ist der originale Schlauchstutzen zu sehen.

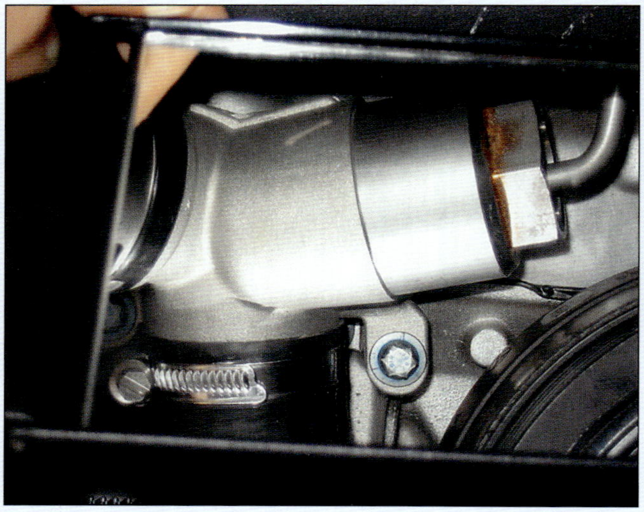

▲ So sieht der fertig verbaute Motorheizer im Taschenspiegel aus.

▲ Der Kühlwasserschlauch des G 55 AMGK unterhalb der Riemenscheibe wird auf den Motorheizer geschoben.

lern wie Lackkratzern, defekter Verpackung, Restposten etc. Da bekommt man manches wesentlich billiger!

Alles über CAN-Bus-Systeme

Der Einstieg in das CAN-Thema ist nicht leicht, aber dank Internet findet man letztlich doch einige grundlegende Informationen (siehe auch Hinweis Literatur und Bücher am Ende des Kapitels). Wer sich schon einmal mit Microcontroller und Einplatinencomputer beschäftigt hat, ist im Vorteil. Die alten 8-Bit-CPUs und ihre schnelleren Nachfolger sind aus den „Computern in die Autos gewandert".

Grundlagen zu den CAN-Bus-Systemen

Controller Area Network (als Abkürzung CAN), so heißt das Bussystem, das ab 1983 von Bosch entwickelt und 1991 als CAN-Spezifikation 2.0 vorgestellt wurde. Sie enthält aber nur die physikalische Ebene, die Codierung des Bit-Transfers, die Übermittlung von Botschaften und die Fehlerbehandlung.

Oft sind mehrere Geräte wie Navigation (COMAND 2.0), CD-Wechsler und Telefon im Auto verbaut, werden im Tachodisplay angezeigt und können über Lenkradtasten bedient werden. Oder die Daten der ABS-Sensoren müsser an einen Motor-Zentralrechner übermittelt werden, um bei Schlupf das Drehmoment zu reduzieren. In Kaffeemaschinen und in Aufzügen findet man die CAN-Bus-Technologie ebenso wie in Textilmaschinen. Die herkömmliche Kupfer-Kabelbaumtechnik wäre bei den ständig wachsenden Anforderungen bald am Ende, monströse Kabelbäume wären die Folge. Elektromagnetische Störungen/Einstrahlungen kämen ebenfalls noch hinzu. So war die Zeit reif für neuere Netzwerksysteme. Zum Beispiel die Knotensysteme, die über eine einfache Ringleitung alle untereinander sowie mit dem Zentralrechner verbunden sind. Es filtern hier intelligente Sensoren (Knoten) Störungen heraus, digitalisieren die Daten und leiten sie an alle, die diese Daten brauchen. Diese Knotenpunkte liegen wie die Haltestellen einer Buslinie an der Leitung, daher die Bezeichnung Bustechnologie.

Da die von Bosch definierten Protokolle nur die grundlegenden Dinge beschreiben, wurden bald ergänzende Protokolle eingeführt, so im europäischen Raum das CANopen und im amerikanischen Bereich das DeviceNet.

Als serielle Schnittstelle ist dieser Bus beim Auto und in der industriellen Anwendung nicht mehr wegzudenken. Beim PC wird diese Schnittstelle allerdings zunehmend durch USB ersetzt. So werden auch nur zwei Datenleitungen benötigt, CAN low und CAN high, sowie die Masseleitung ground. CAN high enthält das invertierte und CAN low das normale Datensignal. Da Störungen auf beide Leitungen gleich einwirken, bleibt eine Information immer vorhanden (Gleichtaktunterdrückung CMRR = Common Mode Rejection Ratio).

Eine Busterminierung mit 120 Ohm an beiden Enden vermeidet Reflexionen und ermöglicht überhaupt erst einen Stromfluss im Kabel. Als Stecker wird in der Industrie und bei vielen Testgeräten ein 9-poliger D-Stecker (bzw. Buchse, wie beim PC) verwendet, der von der CiA vorgeschlagen wurde (CiA = CAN in Automation, eine Gruppe von Herstellern, siehe www.can-cia.de). Die Hersteller halten sich aber selbst nicht daran, so hat z.B. Mercedes eigene Stecker verwendet.

Pin-Belegung

- Pin 2: CAN L
- Pin 3: CAN GND
- Pin 7: CAN H

Hardware - Das CAN232-Interface

Für Computerexperten besteht die Möglichkeit, die vom CAN-Bus gelieferten Informationen auszulesen.

Arbeiten an elektronischen Komponenten erfordern fachliche Kompetenz, entsprechendes Werkzeug und die Ehrlichkeit, die eigenen Fähigkeiten richtig einzuschätzen oder vielleicht besser in die Werkstatt zu gehen. Durch elektrostatische Aufladung können Bauteile/Komponenten beschädigt oder zerstört werden. Alle Angaben nach bestem Wissen, aber ohne Gewähr!

Der Elektronikladen (siehe www.elektronikladen.de) bietet das CAN232-Interface an. Es verbindet über eine serielle Schnittstelle den PC mit dem CAN-Bus. Entwickelt wurde es von einer schwedischen Firma (www.lawicel.com), die auch weitere Einplatinencomputerlösungen anbietet (Vertrieb über Fa. Microntrol, www.microcontrol.net). Für das CAN232 gibt es eine eigene Website: www.can232.com.

Anschlussschema

Für das CAN232 wird neben einem normalen V24-Kabel (1:1-Verbindung) ein Adapterkabel für die OBD-2-Steckdose benötigt, das man sich selber anfertigen kann. Ein Kabel oder den OBD-2-Stecker mit Kontakten gibt es bei www.obd-2.de im Shop. Beim Kabel sollte es sich für die CAN-Leitungen um ein „Twisted Pair"-Kabel handeln, dies wird aber in der Praxis nicht befolgt. Pin 4 und 5 sind etwas länger und kontaktieren zuerst, um statische Aufladungen abzuleiten.

Links/Nützliche Informationen

Die besten Grundlagen / Zusammenstellung aller BUS-Systeme

(inkl. D2B, MOST, POF etc.) bei Autos findet man bei www.car-bussystems.com.
Von Bosch gibt es die Original-Dokumentation (in Englisch) von 1991, die im Internet auf vielen Servern abgelegt ist. Mit Google hat man mit dem Suchbegriff „can2spec.pdf" immer Erfolg.
Eine Einführung in CAN mit interaktiver Java-Anwendung mit Webkamera findet man bei www.vvl.fh-reutlingen.de.
Ein USB-CAN-Interface für den PC gibt es z. B. bei www.port.de für 194,- Euro (netto). CAN-Produkte gibt es bei www.ixxat.de

Multimedianachrüstung für COMAND

Nachfolgend werden nachrüstbare Multimedia-Einbauten im Typ W 463 dokumentiert. Sie umfassen Navigation, Fernsehen, Telefon, CD-Wechsler, Multimedia-Interface, DVD-Wechsler und Grundlagen POF.
Im Folgenden ist alles zusammengefasst, was man sich mühsam aus vielen Einzelunterlagen, technischen Dokumentationen und den Internetforen zusammensuchen muss. Neben den bei Mercedes-Benz erhältlichen Komponenten (COMAND 2.0, CD-Wechsler, Telefon) werden häufig nach und nach weitere Zusatzgeräte eingebaut wie DBV-T (digitales Fernsehen), Rückfahrkamera und PC.

Navigationssystem COMAND 2.0

Das Navigationssystem COMAND 2.0 (COckpit MANagement Display, Mercedes-Benz: Nr. A 4638201689 oder A 2108205489) zeigt nach dem Einschalten den Mercedes-Stern und dann mit dem Warntext das DX-Zeichen. Die 14-stellige Seriennummer wird im ServiceMenü angezeigt (ohne die ersten 6 Stellen, z. B. BO1526 xxxxxxxx). Vorsicht beim COMAND 2.0 mit der Nr. A 2108204889; es weist einen Bootlader-Fehler auf und ist unbrauchbar!
Eine Übersicht über COMAND-Versionen ist auf der Webseite http://www.pocketnavigation.de zu sehen.
Die gebundene Bedienungsanleitung für das COMAND 2.0 A2035842396 gibt es für 16,54 Euro beim Mercedes-Händler.
Die Unterschiede zwischen dem US-COMAND und dem europäischen COMAND und viele weitere Informationen in Englisch findet man auf der Webseite von Mercedes Holland (www.mbenznl.com).
Wird die Navigations-CD nach der Wegberechnung ausgeworfen, bricht die Navigation ab. Man kann also nicht navigieren und gleichzeitig eine CD abspielen, da das COMAND 2.0 keinen Datenspeicher für die Navigationsdaten besitzt. Man sollte das COMAND allerdings ohnehin nicht als CD-Player benutzen, die Navi-CDs werden leicht verkratzt, außerdem verdreckt die

▲ *Für abwechselungsreiche Filmnächte: der 6 fach DVD-Wechsler*

▲ *Beim G 463 passt der Wechsler unter den Beifahrersitz in die Sitzkonsole.*

▲ *Da der DVD-Player einen weiteren Cinch-Video-Eingang besitzt, kann man z. B. auch noch eine Rückfahrkamera oder einen DVB-T-Tuner (Digitaler Fernsehtuner) anschließen. Durch Source-Umschaltung beim DVD-Wechsler wird das Bild am COMAND 2.0 anstelle des DVD-Films sichtbar. Der Standby-Ausgang Pin 6 (blaues Kabel, liefert max. 200 mA) kann zum Ansteuern eines Relais verwendet werden, um andere Geräte einzuschalten.*

Einzugsmechanik! Die CD-Öffnung besitzt eine Bürstenabdeckung, in der sich der Staub ansammelt, da der Lüfter des COMAND (liegt im COMAND 2.0 neben dem CD-ROM-Laufwerk) über diese Öffnung ansaugt. Also schiebt man bei jedem CD-Wechsel den Staub von der Bürste auf die Gummirolle im CD-Laufwerk! Die Bürstenabdeckung sollte man ab und zu vorsichtig mit einem Staubsauger aussaugen. Wie viel Staub sich im Auto ansammelt, sieht man am Armaturenbrett.
Die kleine GPS-Antenne (Nr. A 4638270101 – ca. 190,- Euro) ist unter der Scheinwerferabdeckung (Kunststoff) verbaut. Der Stummel auf dem Dach ist die GSM-Antenne (Telefon).

▲ *Der Ausbau des COMAND 2.0 erfordert etwas Feingefühl und Geduld. Auf keinen Fall grobe Gewalt anwenden!*

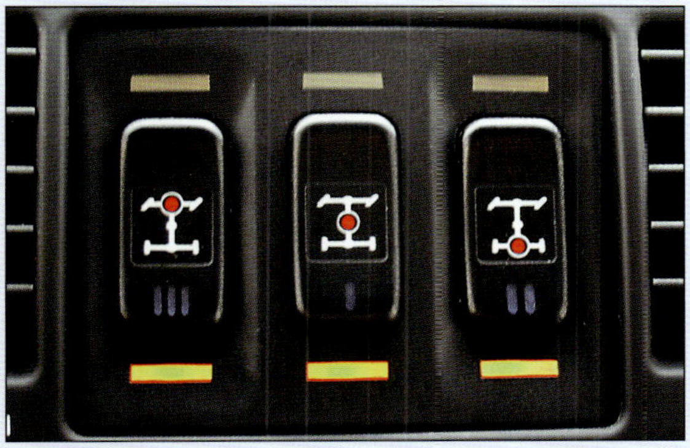

▲ ▶ *Um die Holzblende bei Modellen ab Baujahr 2002 auszubauen, muss zunächst das Sperren-Bedienfeld entfernt werden. Vier Federblechklammern (jeweils zwei oben und unten) halten das Bedienfeld im Rahmen.*

Aus-/Einbau COMAND 2.0

Zum erstmaligen Ausbau muss der Aschenbecher entfernt werden. Zuerst den Aschenbecher öffnen, den Einsatz herausnehmen und zwei Schrauben oben rechts und links entfernen. Der Aschenbecher kann dann nach Abzug des Steckers herausgenommen werden.
Ab Ende 2002 ist die Holzblende mit einer zusätzlichen Blechlasche befestigt. Es empfiehlt sich, zuerst das Sperren-Bedienfeld auszubauen. Mit einem flachen Kunststoffkeil oder Messer drückt man den mit vier Klammern gehaltenen Einsatz heraus.

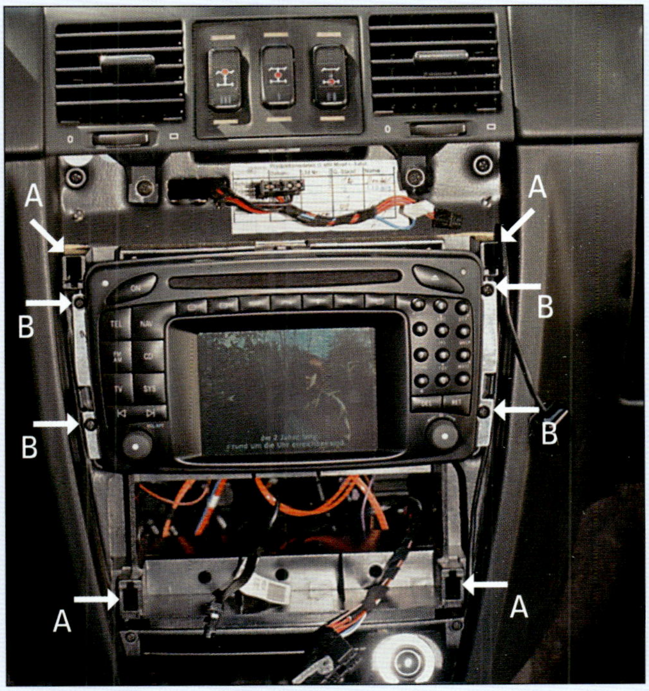

▶ *Die Holzblende ist mit vier Klammern befestigt (siehe Pfeile A). Nachdem die Blende mit einem Kunststoffkeil vorsichtig abgehebelt wurde und die Steckerverbindungen getrennt wurden, kann nun das COMAND-System ausgebaut werden. Dazu werden die 4 Innentorx- oder Kreuzschlitzschrauben (siehe Pfeil B) entfernt.*

▲ *Überblick behalten ist angesagt: Das Anschlusskabelgewirr im Einbauschacht des COMAND 2.0. Nach dem Entfernen der Befestigungsschrauben zieht man die COMAND-Einheit vorsichtig soweit heraus, dass die Stecker (C1, C2, A, B, Radio und SAT) abgezogen werden können. Bei diesem G 270 CDI hatte der Vorbesitzer das COMAND 2.0 nachgerüstet.*

Dann kann die obere Schraube an der Blechlasche entfernt und danach die Holzblende abgezogen werden.

Die Blende ist über vier Zapfen mit Klammern gesteckt. Der untere Rand der Blende wird mit einem Kunststoffkeil vorsichtig angehoben und die Blende aus den vier Klemmbuchsen gezogen. Dann werden die drei Stecker vom oberen Schalterblock und zwei Stecker von der Klima-Reglerplatte abgenommen. Beim Einbau habe ich nur noch zwei Spreizklammern verwendet, die Blende hält auch so und kann sofort abgezogen werden. Bei Geländefahrten sollte man die Klammern wieder einsetzen.

Die Blende enthält die Schalterblöcke. Beim oberen Schalterblock stecken die Umfassungen mit vier Spreizklammern aus Plastik im Unterteil, die leicht abbrechen. Die Blindkappen sind nur aufgesteckt.

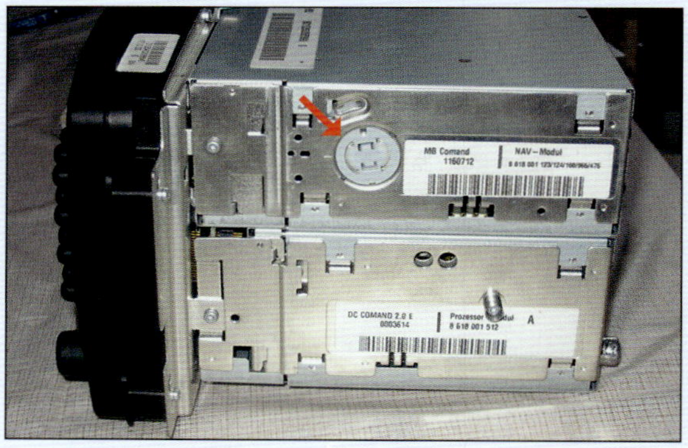

▲ *Auf der rechten Seite der Einheit erkennt man den Gyrosensor (Pfeil). Dieses elektronische Bauteil registriert Richtungsänderungen (kein Kompass), sodass auch noch ohne GPS navigiert werden kann.*

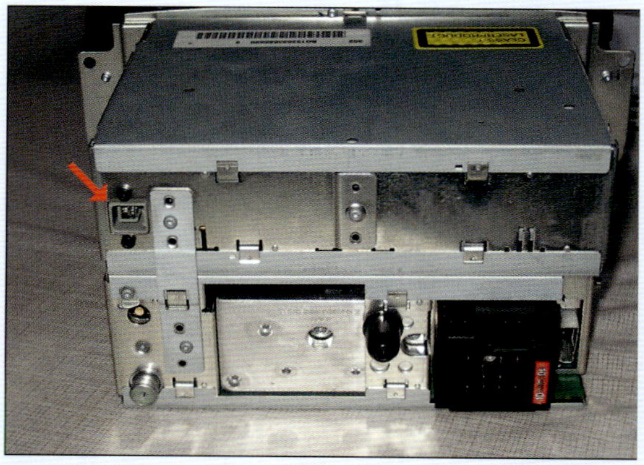

▲ *Geschafft! So präsentiert sich die Rückseite der COMAND-Einheit. Gut zu erkennen der Anschluss für die GPS-Antenne.*

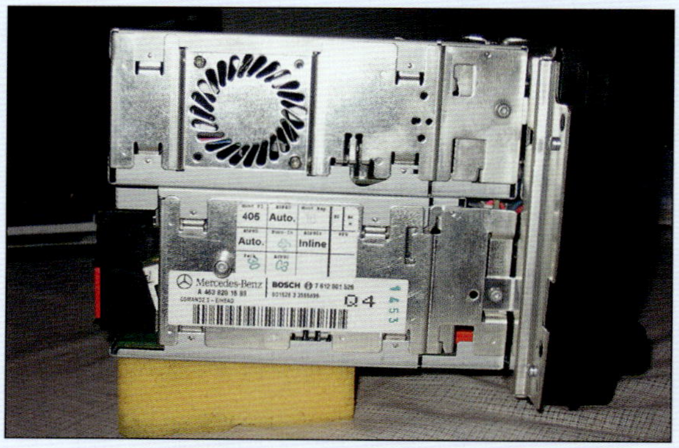

▲ *Auf der linken Seite der Einheit ist der Lüfteraustritt angeordnet. Die Kühlluft wird ungünstigerweise durch den CD-Schacht angesaugt, wodurch auch die Staubpartikel in der Luft durch das Gerät strömen.*

Das COMAND ist mit vier Innentorx- oder Kreuzschlitzschrauben (siehe S.107) befestigt. Nach dem Abschrauben zieht man das COMAND vorsichtig soweit heraus, dass die Stecker (C1, C2, A, B, D2B, Radio und SAT) abgezogen werden können. Der C2-Stecker muss dazu entriegelt werden (Haken etwas drücken).
Man sieht auf der einen Seite den Gyrosensor (roter Pfeil). Das ist ein elektronisches Bauteil, das Richtungsänderungen registriert (kein Kompass). So kann auch noch ohne GPS navigiert werden. Je nach Einbaulage in anderen Autos mit anderen Neigungen der Mittelkonsole (z.B. Mercedes-Pkw) kann die Lage des Gyrosensors wieder waagerecht ausgerichtet werden (z.B. 25 Grad beim W 203).
Auf der anderen Seite sieht man den Lüfteraustritt. Auf der Rückseite rechts unten befindet sich der Steckerblock mit C1-, C2-, B-, A- und D2B-Stecker. Links auf der Rückseite befinden sich unten der Radio-Antennenanschluss, darüber der nicht benötigte ZF-Anschluss und oben der GPS-Antennenanschluss.
Links oben im Steckerblock des COMAND ist der C1-Stecker angeordnet. Das ist der kleine 8-polige Stecker. Der größere Steckerblock am COMAND daneben ist für den 18-poligen C2-Stecker (z.B. auch für das Multimedia-Interface) vorgesehen. Darunter die DIN-Steckdosen B und A nach Iso-Norm.

C1-C2-Adapter für COMAND 2.0 DX

Wird anstelle eines Radios, z.B. Audio10CD, oder bei Radiovorrüstung (nur C-Stecker und Iso-Stecker A, B vorhanden) das COMAND 2.0 eingebaut, kann ein Adapterkabel verwendet werden. Man muss dann nicht die Pins vom C-Stecker in C1- bzw. C2-Stecker umpinnen. Das COMAND lässt sich dann auch leichter ausbauen, da die Kabel länger sind.
Für DVD etc. kann man auch das Multimedia-Interface 1240 oder 1440 von Dietz verwenden. Letzteres verarbeitet PAL- und NTSC-Signale.

Software-Update COMAND 2.0 DX

Aktueller Softwarestand ist MY01, d.h. 50-m-Anzeige und Speller (bei der Zieleingabe unnötige Buchstaben ausgeblendet, SMS etc.). Da bei Unterbrechung des Updates das COMAND nicht mehr funktioniert (wie beim Bios-Update beim PC, Baustein nur bei Blaupunkt neu flashbar), sollte man es bei einer Fachwerkstatt durchführen lassen, die übernimmt dann auch die Haftung. Manche älteren COMAND-Systeme haben einen Bootladerfehler, den Blaupunkt beseitigt. Dieser Service hat allerdings auch seinen Preis, denn die Rechnung für die Beseitigung beläuft sich auf rund 700,- Euro.

Mercedes-Navi-Test-CD

Für COMAND 2.0, 2.5 gibt es zusätzlich zur STAR DIAGNOSIS eine Test-CD für den GPS-Empfänger und das COMAND-CD-Laufwerk, Nr. W 220589012200, ca. 7,- Euro.
Sie wird anstelle der Navi-CD eingelegt und startet automatisch. Auf dem Display wird der Fehler (CD-DRIVE-ERROR oder GPS-ERROR) angezeigt und im COMAND unter Garantie/Kulanz/Abwicklung abgelegt. Die CD findet aber manche Fehler nicht und ist somit nicht sehr hilfreich.

Navi-CD für COMAND 2.0 DX (TravelPilotDX)

Navigations-CDs gibt es z.B. von TeleAtlas und Blaupunkt für viele Länder in Europa. Vergleicht man die Preise der Internetangebote, sind Differenzen bis über 70,- Euro zu finden. Preiswerte TeleAtlas-CDs findet man z.B. bei www.navi24.de. Die Mercedes-Nummer lautet A 6398270159.
Die Original-Navi-CD sollte man nicht im Auto verwenden. Sie verstaubt relativ schnell, da der Lüfter im COMAND 2.0 (neben dem CD-Laufwerk) die Luft aus dem Innenraum des Autos durch den CD-Schlitz ansaugt.
Eine Tabelle aller DX-Blaupunkt-Navigations-CDs findet man unter:http://app12.bosch.de.

COMAND 2.0 Service-Menü

Einschalten und FM-Taste drücken, dann Lautsprecherstummschaltung + Taste 1 + Taste 3 gleichzeitig solange drücken, bis das Menü erscheint.
Nach einigen Sekunden erscheint das Service-Menü mit folgenden Unterpunkten:
Versions, Tuner, Diagnosis, Configuration.
Wichtig ist eigentlich nur das Menü „Versions", dies anklicken, nach unten blättern und im folgenden Menü auf „Infos..." klicken. Hier werden die Batteriespannung, SAT-Anzahl, Ort und Speed angezeigt.

Weitere Service-Menüs (nicht alle abgebildet)

Im Menü „Configuration" findet man noch die Angabe der freigeschalteten Komponenten (TV-Tuner, Telephone full exp.), Cfg 21CD08 und die Radimpulszahl (30). Dies ist eine Hexadezimal-Zahl und stellt die Zahl 48 dar. Nach Eingabe der Reifengröße und längerer Fahrt kalibriert sich das COMAND automatisch.

COMAND 2.0 Reifenanpassung

Im Menü „Navi-Einstellungen" wählt man die „Kalibrierung" und kann dann die Größe neuer oder gebrauchter Reifen einstellen, z.B. 265/60 R18.

▲ *Einstellung der Reifengröße für das Navi (hier 265/70-16).*

▲ *Bei Änderungen der Kalibrierung immer nach den Vorgaben der Bedienungsanleitung vorgehen!*

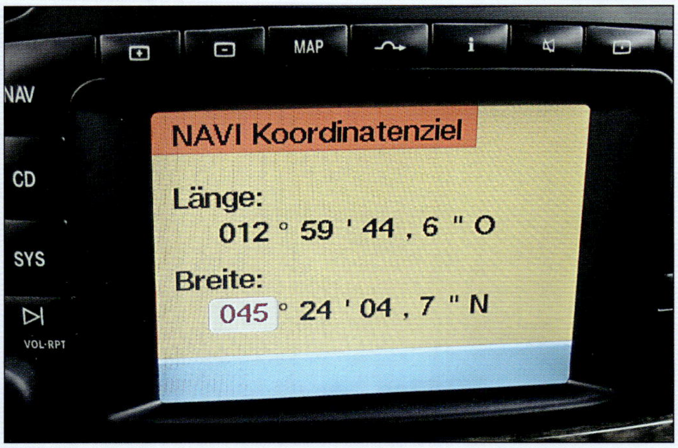

▲ *Ziele lassen sich im Navi auch nach Koordinaten suchen und finden. Der Fahrzeugstandort ist immer über die Koordinaten zu ermitteln.*

COMAND 2.0 Navigation mittels Koordinaten

Drückt man ohne Ziel-Navigation die MAP-Taste, werden beim Fahren in der Regel 7 bis 8 Satelliten angezeigt, manchmal aber auch nur 5 bis 6, je nach den örtlichen Gegebenheiten. Eine Zielnavigation mittels Koordinateneingabe ist auch möglich. Anscheinend gibt es diese Möglichkeit bei einigen COMAND 2.0-Versionen nicht.

Dazu werden die Breiten- und Längenkoordinaten eingegeben, z.B. die Breite Nord (Latitude North): 48 Grad, 16 Min. 4 Sek. und die Länge Ost (Longitude East): 12 Grad, 59 Min., 45 Sek.

Eine Karte ist bei www.mapquest.de ausdruckbar, dort „Karte suchen nach Breiten-/Längengrad" anklicken.

Fahrzeugortung

Baut man ein GPS-GSM-Modul der Fa. PVT ein, so können die Koordinaten über SMS (passwortgeschützt) mit dem POS-Befehl abgefragt werden. Auf der Webseite www.mapquest.de kann mittels dieser Koordinaten weltweit die dazugehörige Landkarte aufgerufen werden. Mittels Zoom werden sogar kleinste Feldwege angezeigt. Grundlage sind offenbar die Navteq-Daten. Man kann auch direkt eine Postadresse angeben. Sind die Koordinaten in dezimaler Form angegeben, können sie umgerechnet werden (Nachkommaanteile mal 60):

- 48,24209 = 48 Grad; 0,24209 x 60 = 14 Minuten (14,5254); 0,5254 x 60 = 32 Sekunden (gerundet).

CD-Laufwerk im COMAND 2.0: Pflege

Pandatom hat (Forum navisys.de, Rubrik Mercedes) einige Empfehlungen für das CD-Laufwerk des COAMND aufgeführt, die Lesefehler vermeiden helfen. Sie sind im Folgenden kompakt zusammengefasst.

Das COMAND besitzt einen Lüfter; dieser läuft temperaturgeregelt und führt die Wärme gut ab. Die Lesefehler des CD-Laufwerks entstehen durch die Verschmutzung und Verstaubung des Laufwerks und gerade dafür ist der Lüfter im Gerät hauptverantwortlich! Dieser sitzt nämlich im oberen Teil links vom Laufwerk und da das COMAND baubedingt nur den CD-Einwurf als Öffnung hat, ist dies der einzige Weg, Frischluft anzusaugen, um Wärme nach hinten abführen zu können. Gerade beim Ansaugen der Frischluft werden leider auch Staubpartikel mit transportiert. Zwar befindet sich ein dünner Filzstreifen im CD-Schlitz, er kann aber die Menge der eingesaugten Staubpartikel nur vermindern.

Es gibt aber leider auch „Spezialisten", die diesen Filzstreifen beschädigen, indem sie mit Fremdkörpern versuchen, das Laufwerk zu „reinigen“. Auch entsprechende Versuche mit Reinigungs-CDs bringen nur kurzfristige Erfolge mit der Konsequenz, dass der Laser nach relativ kurzer Zeit ausfällt, weil er durch diese kleinen „Bürsten“, die einen schmirgelnden Effekt haben, mehr und mehr verkratzt wird. Eine Laserlinse besteht nun einmal aus einem sehr weichen Kunststoff und nicht aus Glas!

Hier nun einige Praxistipps, wie man das COMAND am besten vor Beschädigungen schützt:

- Nicht im Fahrzeug rauchen!
- Möglichst vom COMAND fernhalten bzw. vorsichtig Staub vom CD-Schlitz entfernen, ohne den Schutzfilter zu berühren! In staubigem Gelände zusätzlichen Filterstreifen (z. B. Küchenfiltervlies) über dem Schlitz anbringen.
- Keine Audio-CDs einsetzen und Navi-CD immer im Laufwerk belassen, auch wenn die Navigation nicht benutzt wird.
- Keine Reinigungs-CDs benutzen, Kunststofflinse des Lasers wird dabei verkratzt.

COMAND 2.0: Fehlermeldungen/Reset

Fehlermeldungen werden ständig im COMAND abgelegt. Angezeigt werden sie im Service-Menü unter Diagnosis und dann Error List.

Die im Display angezeigten Fehlercodes bedeuten:

- N1112: Keine Datenübertragung zwischen D2B-Master u. D2B-Komponente möglich
- B1795: CAN-Kommunikation mit dem Steuergerät EZS gestört
- B1010: Die Versorgungsspannung des Steuergerätes ist zu gering
- B1779: CAN-Kommunikation mit TV-Tuner gestört
- B1738: Navigationsfehler: GPS-Protokoll nicht empfangen
- A = aktiver Fehler, P = passiver Fehler

Eine ausführlichere Fehlertabelle ist im Diagnose-Assistance-System DAS von Mercedes-Benz zu finden.

Die Fehlermeldung N1112 kommt immer wieder vor, wenn ein D2B-Gerät nicht mehr mit dem COMAND verbunden ist. Das ist zum Beispiel beim Dietz-Multimedia-Adapter für den DVD-Wechsler der Fall. Dazu kommt der Fehler 1779, da der TV-Tuner in der Konfiguration eingetragen, aber nicht vorhanden ist. Zwischen zwei Listen mit Fehlermeldungen wird mit MUTE + 1 bzw. Mute + 4 gewechselt. Löschen kann man die Fehlermeldungen mit den Tasten Mute + 0 (beide Tasten gleichzeitig drücken).

Reset

Manchmal funktioniert das COMAND im Zusammenhang mit dem Multimedia-Adapter fehlerhaft, zum Beispiel kann die Tastenbeleuchtung ausfallen. Dies kann auf Unterspannung (z. B. bei leerer Batterie) zurückgehen. Allgemein wird ein Reset wie folgt durchgeführt (dazu muss das COMAND ausgebaut werden, damit man an den ISO-Stecker heran kommt):

ISO-Stecker A abziehen (COMAND stromlos) – CAN-Adapter muss auch aus sein (Zündschlüssel in „Aus-Stellung“) – etwa 10 Sekunden warten – COMAND wieder anschließen und warten, bis der Lüfter steht – die Zündung wieder einschalten und COMAND von Hand einschalten.

COMAND 2.0: Uhrzeit

Die Uhrzeit kann nicht eingestellt werden, da sie automatisch mittels GPS ausgewiesen wird. So erscheint bei der Sommerzeitumstellung erst dann die korrekte Zeit im Kombiinstrument, wenn das COMAND 2.0 eingeschaltet wird und GPS-Empfang besteht.

Stecker und Pin-Belegung

Stecker C1: Pin-Belegung am COMAND 2.0

- Pin1: RGB Rot
- Pin2: RGB Grün
- Pin3: RGB Blau
- Pin4: RGB Ground
- Pin5: Kl.31: Masse CD-Wechsler, braun
- Pin6: Kl.30: DauerPlus CD-Wechsler, rot/schwarz
- Pin7: RGB Sync
- Pin8: RGB Abschirmung Gehäuse

Ohne TV, aber mit CD-Wechsler, sind nur die Pins 5 und 6 bestückt. Mit Dietz-Multimedia-Adapter (MMA) werden die Pins 1, 2, 3, 4, 7 und 8 bestückt.

Stecker C2: 18 Pin-Belegung COMAND 2.0

- Pin 1: Wakeup Motor CAN
- Pin 2: TV Audio rechts
- Pin 3: TV Audio Masse
- Pin 4: AUX rechts, z. B. MP3
- Pin 5: AUX Masse
- Pin 6: GAL, Speed blau/grün
- Pin 7: CAN Abschirmung
- Pin 8: CAN low, braun
- Pin 9: CAN high rot
- Pin 10: Wakeup D2B, CD-Wechsler, Telefon, blau/schwarz
- Pin 11: TV Audio links

- Pin 12: TV Audio Masse
- Pin 13: AUX links, z. B. MP3
- Pin 14: AUX Masse
- Pin 15: Rückfahrsignal
- Pin 16: RB-CAN Abschirmung
- Pin 17: RB-CAN low
- Pin 18: RB-CAN high

A

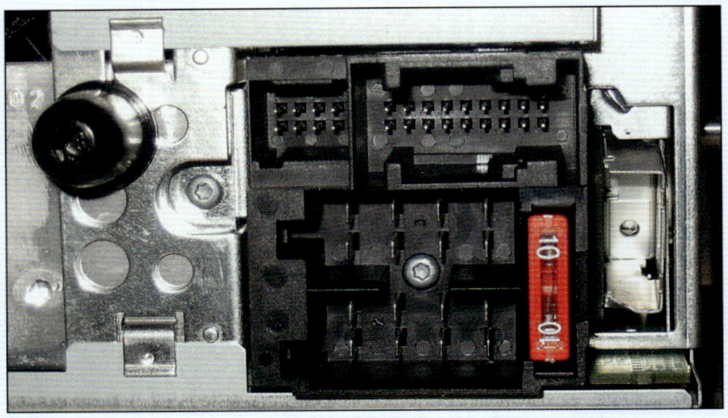

B

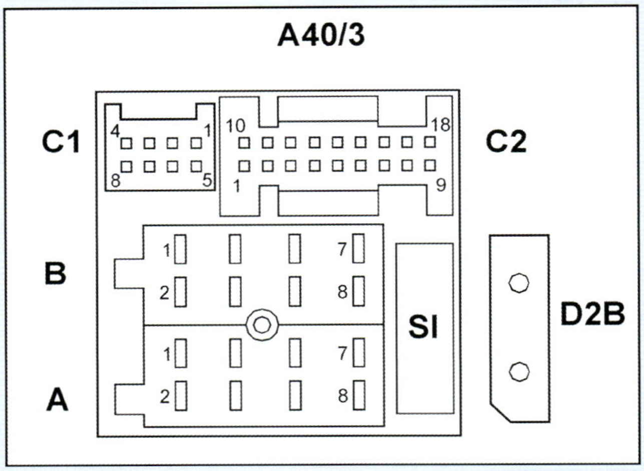

C

D

E

Bild A und B
Geräterückseite und Pin-Belegungsübersicht COMAND

Bild C
Die Stecker A und B bilden eine Einheit. Stecker A zur Stromversorgung, Stecker B für Lautsprecheranschluss.

Bild D
Der C2-Stecker für CAN-Bus und Strom für CD-Wechsler.

Bild E
Der Glasfaserstecker: Das Lichtleiterkabel mit dem D2B-Stecker dient sowohl zur Datenübertragung (z. B. Musik vom CD-Wechsler) als auch zur Ansteuerung von Telefon und zur Umsetzung der Sprachsteuerung.

Der C2-Stecker besteht aus einem Gehäuse mit Verriegelung (grauer Hebel) und einem Einsatz. Dieser kann herausgedrückt werden (Sperrnase am Gehäuse anheben). Zum Umstecken der Pins muss die Sperre am Pin etwas eingedrückt werden. Manche Gehäuseformen besitzen auch einen einrastenden Kunststoffteil, der die Pins festhält.

Stecker C2: AUX-Anschluss am COMAND 2.0

Im C2-Stecker sind folgende Pins ohne Multimedia-Adapter MMA vorhanden: Pin 6, 8, 9, 10. Die Pins 17 und 18 bekommen die CAN-Simulation vom Dietz-1240 MMA, die Pins 2 und 11 den Stereo-Ton vom MMA.

An den Pins 13, 4, 5 bzw. 14 kann man einen AUX-Anschluss mit Stereobuchse realisieren, wobei die Lautstärke (auch über die Lenkradtasten + und –) und der Klang (Taste SYS, dann AUX) regelbar sind. MP3-Dateien vom Notebook sind klanglich sehr gut.

Stecker A: Pin(P)-Belegung COMAND 2.0

- P1: GAL
- P3: Telefon-Mute
- P5: Schaltausgang 12V, z. B. Antennenverstärker
- P7: Kl.15 Zündung

Stecker A

- Pins
- P2: Diagnose OBD-II
- P4: Kl.30 (+)
- P6: Kl.58d Licht
- P8: Kl.31 (–)

Zum Entnehmen der Pins aus den Steckergehäusen (A, B und C) müssen die mit einem Pfeil gekennzeichneten Stege am Pin mit einem kleinen Schraubendreher etwas zusammengedrückt werden.

Stecker B: Pin-Belegung COMAND 2.0: Lautsprecher (LS)

- P1: LS HR (+)
- P3: LS VR (+)
- P5: LS VL (+)
- P7: LS HL (+)
- P2: LS HR (–)
- P4: LS VR (–)
- P6: LS VL (–)
- P8: LS HL (–)

HR/HL = hinten rechts/hinten links
VR/VL = vorne rechts/vorne links

Links zum COMAND

Für neuere COMAND-Modelle bietet Mercedes-Benz eine interaktive Multimedia-Show:
http://www4.mercedes-benz.com/d/cars/e-class/betriebsanleitung/erleben/Comand.html.
COMAND 2.0 Umbauten, z. B. blaue LED-Beleuchtung findet man unter:
www.mercedes-v-club.de/technik.
Gute COMAND 2.0-Beschreibungen hat die Fa. Megacomm auf ihrer Internetseite (www.navigeo.de) online gestellt.

No-CAN-Umbau, Reinigung des CD-Laufwerkes

Achtung: Nur für Elektroniker! Einen No-CAN-Umbau des COMAND und eine Anleitung zum Reinigen des CD-Laufwerkes als pdf-Datei findet man bei www.audiocomp.at, ebenso Steckerbelegungen bei COMAND 2.0; zum No-CAN-Umbau Datei COMAND-Umbau-V2.pdf mit rechter Maustaste abspeichern. Die Steckerbelegung findet man hier verzeichnet:
www.audiocomp.at/Comand-pin.html
Auch eine Logo-Änderung wird so möglich.

Teilenummern

- GPS-Antenne (Scheinwerfer):
  Nr. A 4638270101 – ca.180,- Euro
- Abdeckung GPS-Antenne (Dach):
  Nr. A 2028270031 – ca. 5,- Euro
- COMAND 2.0:
  Nr. A 4638201689 – ca. 3620,- Euro

Es gibt unterschiedliche Steckerausführungen von AMP, Hirschmann oder tyco, letztlich sind sie sich alle qualitativ ähnlich:

- C1-Stecker, Steckhülsen/Gehäuse:
  Nr. A 0345457528 – ca. 2,- Euro
- C2-Stecker, Abdeckung:
  Nr. A 0005454230 – ca. 2,50 Euro
- C2-Stecker, Steckhülsen/Gehäuse:
  Nr. A 0015454840 – ca. 1,- Euro
- Pin/Kontaktbüchse:
  Nr. A 0135454626 – ca. 1,- Euro

Fakra-Stecker / Kabel

Fakra-Stecker und alle anderen Stecker/Kabel für Handy, Antennen etc. gibt es bei Teleboxlive: www.teleboxlive.de.

ABSCHNITT ELF

KAUFBERATUNG

Die Anschaffung eines Gebrauchtwagens ist immer mit einem Risiko verbunden. Da ein neuer G aber schnell über 70.000,- Euro kostet und diese Summe nicht jeder ausgeben kann oder will, bleibt oft keine Alternative zum gebrauchten G. Der Pflegezustand des Fahrzeugs ist bei der Kaufentscheidung das ausschlaggebende Kriterium. Der Kauf eines G Modells sollte ähnlich sorgfältig angegangen werden wie der Erwerb einer Immobilie. Da es sich in der Regel um eine lange Bindung handelt, will man bei der Anschaffung keine Fehler machen, die später teuer bezahlt werden müssen. Gebrauchte G-Modelle sind ein extrem beliebtes Exportgut und Gebrauchtwagenhändler sichern sich einen Großteil der privat angebotenen G. Das Gebrauchtfahrzeugangebot ist nicht üppig, aber die Modellvielfalt, deshalb sollte man sich bereits vorher darüber im Klaren sein, welche Ausführung in Frage kommt und wie viel Geld ausgegeben werden kann. Die meisten Kandidaten findet man im Internet unter www.mobile.de und www.autoscout24.de. Aber auch in der Samstagsausgabe der Süddeutschen Zeitung und in den einschlägigen regionalen Anzeigenmagazinen stehen ebenfalls einige passende Fahrzeuge zum Verkauf. Wenn dann im Internet oder der Zeitung ein passendes Fahrzeug gefunden wird, keine Zeit verlieren und sofort anschauen, bevor die professionellen Gebrauchtwagenhändler zuschlagen. Es ist in jedem Fall empfehlenswert, sich einen (G-Klasse-)erfahrenen Berater mitzunehmen. Im Zweifel gilt: Lieber für ein gepflegtes Auto etwas mehr ausgeben, als eine billige rollende Großbaustelle zu kaufen, die einen am Ende teuer zu stehen kommen kann.

G-Klasse als Gebrauchtwagen

Die Markentreue unter den Fahrern der Mercedes G-Klasse ist bemerkenswert. Über 95 Prozent aller G-Fahrer würden wieder ein solches Fahrzeug kaufen (so das Ergebnis der Umfrage eines deutschen Geländewagenmagazins). Diese Kundenzufriedenheit spricht eine eindeutige Sprache.

Das Mercedes-Benz G-Modell ist ein sehr robustes und hochgeländefähiges Fahrzeug. Trotzdem sind auch – besonders da manch angebotenes Fahrzeug schon über 20 Jahre alt ist – einige Schwachstellen zu finden. Jeder, der sich für den Erwerb eines G-Modells interessiert, sollte sich von Anfang an bewusst sein, dass der Mercedes G ein teures Auto ist. Das gilt meistens für den Anschaffungspreis und immer für den Unterhalt dieses Allrounders. Das G-Modell präsentiert sich als ein technisch aufwändiges Spezialfahrzeug und braucht sorgfältige Wartung. So muss man sich vor der Anschaffung darüber im Klaren sein, dass die G-spezifischen Mercedes-Benz Ersatzteile sehr teuer sein können. Das gilt vor allem für Teile der Innenausstattung.

Ein gebrauchter G hat seinen Preis, auch sehr alte Fahrzeuge werden teilweise zu geradezu utopischen Preisen angeboten. 10.000,- Euro für ein Mercedes G Baujahr 1990 sind zum Beispiel nur dann gerechtfertigt, wenn es sich dabei um ein außergewöhnlich gut gepflegtes und erhaltenes Exemplar handelt oder vom Vorbesitzer bereits mit Sachverstand restauriert wurde.

Es gibt verschiedene Wege, an ein gebrauchtes G-Modell zu kommen. Eine eher günstige Möglichkeit ist der Kauf eines Behördenfahrzeugs. Diese werden in Deutschland alle zentral von der VEBEG in Frankfurt (www.vebeg.de) verkauft. Das 1951 gegründete Unternehmen, als dessen alleinige Gesellschafterin das Bundesministerium der Finanzen fungiert, ist zuständig für die treuhänderische Verwertung von beweglichen Gütern aller Art. Die Deutsche Bundeswehr mustert 250 GD (interne Bezeichnung: „Wolf") W 461 Kurz/offen Mil., 290 GD Fahrgestell mit Kasten (W 461) sowie 290 GD Turbo (W 461) und G 300 Turbo (W 463) aus. Gegenwärtig trennt sich die Bundeswehr allerdings nur von Fahrzeugen mit Totalschäden. Ein „Wolf" kostet erfahrungsgemäß ungefähr 6000,- Euro, nach der meist umfangreichen Reparatur hat er dann einen Wert von ca. 12.000,- Euro. Häufig finden auch die ziemlich runtergewirtschafteten Fahrzeuge von Baufirmen den Weg auf den Gebrauchtwagenmarkt, die für sehr niedrige Preise angeboten werden. Allerdings entpuppt sich nicht selten das vermeintliche Schnäppchen als teures Restaurierungsobjekt. Generell sollte bei der Suche nach einem Gebrauchten die Faustregel gelten, dass das Alter des Fahrzeugs keine so große Rolle spielt, wichtiger ist jedoch der Zustand des in Frage kommenden Fahrzeugs.

Besonders hoch sind die Beanspruchungen auch bei Geländeeinsätzen. Je nach Art des Geländes kann ein Geländekilometer so viel Verschleiß wie 1000 Straßenkilometer verursachen. Beim Gebrauchtwagenkauf sollte man den Vorbesitzer also ruhig mal vorsichtig ausfragen, wo er schon überall mit dem G gewesen ist. Verräterische Spuren, die auf harten Geländeeinsatz hinweisen, findet man am vorderen Unterfahrschutz.

▲ *Für jeden G eine leichte Übung! Allerdings sollte man nach jedem Geländeeinsatz eine gründliche Säuberung des Fahrzeugs vornehmen, sonst bleiben Folgeschäden (Korrosion) nicht aus.*

Die Karosserievariante Stationwagen kurz ist die günstigste Art, G zu fahren. Die dreitürigen Fahrzeuge sind auf dem Gebrauchtwagenmarkt deutlich günstiger als die begehrteste Variante der G-Palette, der dieselbefeuerte lange Stationwagen. Das Cabrio eignet sich vor allem für Frischluft-Fans, wobei den Vorzügen des „Oben-ohne-Fahrens" die Herausforderung des Öffnens und Schließens des Verdecks, besonders des alten Planenverdecks (W 460), gegenüber steht. Auch die relativ hohe Geräuschentwicklung bei Geschwindigkeiten ab 100 km/h beim geschlossenen Planwagen ist nicht jedermanns Sache. Beim W 463 mit elektrischem Verdeck verschiebt sich die Grenze auf 130 km/h. Beim Cabrio muss immer besonders auf den Zustand des Verdecks geachtet werden, denn Ersatz oder Reparatur sind sehr kostspielig.

▲ *Der Bereich um die Rückleuchten ist die Achillesferse bei allen G-Modellen bis Baujahr 1989. Die original Reparaturbleche sind preiswert, aber der Arbeitsaufwand, sie zu tauschen, ist immens.*

▲ *Dieses Blech wurde hier bereits getauscht. Jede Nachlässigkeit beim Einbau rächt sich allerdings, wie hier zu sehen ist.*

▲ *Auch die Schweller der ersten Baujahre (1979 - 1989) sind oft die reinsten Rostnester. Um das ganze Ausmaß der Korrosion zu erkennen, müssen die Gummileisten entfernt werden, darunter verbergen sich häufig die großen Löcher.*

Karosserie

G-Modelle, deren Besitzer keinen besonderen Wert auf gute Pflege und zusätzlich Rostvorsorge legen, neigen an einigen prädestinierten Stellen zu Korrosionsproblemen. Am Heckblech im Bereich der Rücklichter und des Tankdeckels sollte man besonders aufmerksam hinschauen, denn hier zeigen viele Exemplare Mängel. Die Seitenwände unter den Stoßleisten und an der Trennfuge zur oberen Seitenwand sind ebenfalls kritische Bereiche, genau wie alle Unterkanten der Türen sowie die Schwellerbereiche. Häufig betroffen ist auch der untere Teil des Windschutzscheibenrahmens. Bei einer Fahrzeugbesichtigung sollte man außerdem unbedingt mal den Türgummi und die Plastikabdeckung im Einstiegsbereich entfernen. Hier befindet sich eine Rinne im Fahrzeugboden ohne Ablauf. Wenn durch eine defekte Türdichtung oder andere Stellen Wasser in den Fußraum gelangt, bleibt es hier längere Zeit stehen und es bildet sich ein wahres Biotop! Am Rahmen ist nur eine Stelle wirklich von Rost betroffen: Die hinteren Stoßdämpferhalterungen und die Federkonsolen sollten hier sehr genau kontrolliert werden. Wenn sich an der Oberseite der Stoßdämpferhalterung bereits Rostblasen bilden, ist der Halter meist durchgerostet und es kann passieren, dass die gesamte Stoßdämpferhalterung bricht.
An der Federkonsole kann es vorkommen, dass der innere Topf, an dem der Prallgummi befestigt ist, komplett wegrostet. Reparaturen der Rahmenteile sind sicherheitsrelevant (TÜV!) und können zudem schnell sehr teuer werden.
Besonderes Augenmerk gilt dem Verschleiß der Türscharniere. Bei offener Tür prüfen, ob die Scharniere schon Spiel haben und auf jeden Fall die Leichtgängigkeit kontrollieren.

Motor

Die G-Klasse kommt unabhängig von der jeweiligen Ausstattung schon mit einem relativ hohen Basisgewicht daher, wodurch besonders die Triebwerke am unteren Ende der Leistungsskala stark beansprucht werden. Bei diesen Versionen ist der technische Zustand häufig Glücksache. Genauso können Motoren in Fahrzeugen, die von Autobahnviel- und Schnellfahrern bewegt werden, einen extremen Motorverschleiß aufweisen.
Die robustesten Antriebsaggregate sind sicherlich der 280 GE (M 110), der 300 GE (M 103), der 320 GE (M 104), der 290 GD (OM 602), der 300 GD (OM 603) und G300 TD (OM 606). Bei Exemplaren wie dem 230 G, 230 GE (M 102), 240 GD (OM 616) oder dem 300 GD (OM 617) ist es besonders wichtig, wie der Vorbesitzer mit dem G umgegangen ist.
Nicht zu unterschätzen ist der Verbrauch des Mercedes-Geländewagens, selbst wenn ein Dieselherz unter der Haube schlägt.

Durchschnittsverbrauch pro 100 km	
230 GE	14 - 17 l
290 GD	10 - 14 l
300 GD	12 - 16 l
350 GD	13 - 18 l
280 GE	17 - 23 l
300 GE	16 - 22 l
320 GE	16 - 22 l
G 500	18 - 25 l
G 55	19 - 26 l

Motorenwahl

Wer die Wahl hat, hat die Qual. Diese Volksweisheit trifft auch auf das G-Modell zu, dessen reichhaltige Motorenpalette für jeden Anspruch und Geldbeutel etwas bietet. Um die für die eigenen Ansprüche am besten geeignete Modellversion zu finden, solle man sich über die Vorzüge oder auch Nachteile der verschiedenen Triebwerke im Klaren sein.

Die OM 616/617 Saugdiesel im 240 GD und 300 GD (W 460) sind bekannt für ihre Zuverlässigkeit, auch wenn ihr gezügeltes Temperament besonders beim 300 GD mit Automatikgetriebe einer sportlichen Fahrweise oder geländeorientierten Ambitionen nicht gerade förderlich ist. Ein 300 GD mit Fünfganggetriebe und kleinen Reifen (maximal 225/75-16) kann aber bereits ordentlich bewegt werden. Der 240 GD mit seinen 72 PS weckt häufiger den Wunsch nach Mehrleistung.

Ältere Exemplare des Oelmotors 616 / 617 mit hohen Laufleistungen weisen oft verschleißbedingt eine zu geringe Kompression auf und springen dadurch bei Kälte sehr schlecht an. Besonders bei diesem Maschinentyp sollte man auf größeren Ölverlust im unteren Bereich der Kupplungsglocke achten. Der hintere Kurbelwellendichtring (der so genannte Borgmannring) neigt gerne mal zur Undichtigkeit. Ein notwendiger Ersatz des zweiteiligen Filzrings kann teuer werden, denn bei einer Reparatur muss die Kurbelwelle ausgebaut werden. Ein typisches Fehlerbild eines defekten Kurbellwellendichtrings ist eine verölte Kupplung nachdem das Fahrzeug mit heißem Motor am Berg abgestellt wurde. Ein großer Vorteil der alten Dieselmotoren ist der Fakt, dass sie die Umstellung auf Pflanzenöl klaglos vertragen.

Die Fünfzylinder OM 602 (250 GD und 290 GD, Baureihen W 460/461/462/463) und der Sechszylinder OM 603 (300 GD, Baureihe W 463) gehören zur zweiten Dieselmotorengeneration im G-Modell und glänzen im Gegensatz zu den OM 616 / 617 mit ihrer Laufruhe; hier ist vor allem der Sechszylinder ein wahres technisches Meisterwerk. Alle G-Modelle mit OM 602- und 603-Motoren verfügen übrigens serienmäßig über Fünfganggetriebe. Die im Leistungsspektrum von 90 bis 113 PS angesiedelten Aggregate sorgen für adäquaten Vortrieb beim G und kommen mit seinem Gewicht recht gut klar, auch wenn sich manch ein Fahrer gelegentlich über die eine oder andere zusätzliche Pferdestärke freuen würde.

Als Schwachpunkt müssen Probleme mit defekten Keilriemenspannern (Reparatur ca. 450,- Euro) und Ölundichtigkeiten an der Unterdruckpumpe, Verbindungsstelle Einspritzpumpe/Motorblock und an der Ventildeckeldichtung genannt werden. Im Zweifelsfall sollte man außerdem bei dem in Frage kommenden Exemplar die Kompression prüfen oder prüfen lassen und auf verräterische Zeichen wie blauen Auspuffqualm achten.

Der 290 GD Turbo ist der Dieseltipp für die Baureihe W 461. Der Fünfzylinder ist mit Verbrauchswerten von unter 10 Litern fraglos der bis dato effizienteste Motor im G-Modell. Mit seinen 120 PS bewegt er die schwere Fuhre recht ordentlich. Das serienmäßige Automatikgetriebe harmoniert sehr gut mit dem Direkteinspritzer.

Der G 300 Turbodiesel (OM 604A) ist mit 177 PS die Kaufempfehlung bei den Dieselmodellen der Baureihe W 463. Den Ingenieuren gelang eine perfekte Kombination von Laufruhe und Temperament für den Diesel-G. Es ist der letzte Dieselmotor im W 463, der sich problemlos (ohne zweiten Tank) auch auf Pflanzenölbetrieb umrüsten lässt.

Besonders kontroverse Meinungen sind über den 350 GD Turbo (OM 603A) im Umlauf. Manche Besitzer fahren 200.000 km ohne Probleme, aber nicht selten finden sich auch G-Exemplare, die bei 60-80.000 km-Laufleistung bereits mit Defekten wie Zylinderkopfschaden oder Kolbenfresser die Werkstatt aufsuchen mussten. Ein ähnliches Phänomen ist von der S-Klasse bekannt, wo derselbe Motor zum Einsatz kam. Betroffen sind hauptsächlich die Baujahre 1992 bis 1994, ab Modelljahr 1995 haben zahlreiche Änderungen (stärkere Wasserpumpe, leistungsfähigeres Kühlsystem) dazu beigetragen, diese Schwierigkeiten in den Griff zu bekommen.

Wer sich also einen 350 TD mit Originalmotor bis Baujahr 1994 kauft, sollte sich bewusst sein, dass die Modellgeschichte des G in jenen Produktionsjahren nicht ganz unproblematisch war. Ein kapitaler Motorschaden reißt ein Loch von um die 8000,- Euro (AT-Motor) in die Kasse. Allerdings stehen natürlich noch die baugleichen Antriebsaggregate aus der S-Klasse zur Verfügung, deren Gebrauchtmarktpreis deutlich erträglicher ist.

Auch beim G 400 CDI gehen die Meinungen sehr auseinander. Viele Besitzer fahren dieses Modell ohne Probleme, aber andererseits gibt es viele Rückmeldungen von Besitzern, die über Motorprobleme oder eine fehleranfällige Motorelektronik klagen. Die komplexe Technik mit 2 Turboladern, 32 Ventilen, wassergekühlter Lichtmaschine und jede Menge elektronischer Steuerungstechnik kann da auch schon mal eine Werkstatt überfordern. Umso wichtiger ist es, einen kompetenten Servicepartner zu haben, der bei Problemen mit dem 400 CDI weiterhelfen kann.

Der G 270 CDI ist eine besonders wirtschaftliche Art, G zu fahren. Ohne Mühe kommt der genügsame Motor mit 10 Litern Diesel auf 100 Kilometer aus. Er ist allerdings auch nicht so temperamentvoll wie sein Vorgänger, der G 300 Turbodiesel und besitzt auch nicht dessen Laufruhe.

Mit 156 PS genießt der M 110 den Ruf, der beste Motor für die Baureihe W 460 zu sein. Im 280 GE verrichtet er seine Arbeit klaglos und bis auf ein paar Ölundichtigkeiten und rasselnde Ventile sind keine Auffälligkeiten bekannt. Unangenehm bemerkbar macht sich höchstens der nicht gerade bescheidene Verbrauch.

Ähnliches gilt für den M 103 aus dem 300 GE im frühen W 463. Bis auf erhöhten Ölverbrauch aufgrund verschlissener Ventilschaftdichtungen gibt es eigentlich gar keine Schwachpunkte. Extreme Durchzugskraft kann man aber sowohl beim 280 GE als auch beim 300 GE nicht erwarten, lebendig werden sie nämlich erst ab 4000/min, verbunden mit einem stark steigenden Benzinverbrauch.

Der M 104 (Vierventiler) des 320 GE ist der erste Motor im G, der für wirklich schnelles Fahren geeignet ist. Die 211 PS des Sechszylinders schieben den Geländewagen auf echte 185 km/h. Dazu sorgt der Auspuff für eine kernige Geräuschkulisse.

Der G 320-V6 (Dreiventiler) mit 215 PS kann gegenüber dem Reihensechszylinder mit geringerem Verbrauch und weniger Gewicht punkten.

Die V8-Benziner M 117 (Zweiventiler) aus dem 500 GE (1993 - 1995) und M113 (Dreiventiler ab 1999 G 500, G 55 und G 55 Kompressor) sind über jeden Zweifel erhaben. Sie sind immer die beste, jedoch auch die teuerste Motorenwahl. Kein Motor der G-Klasse läuft so lange so zuverlässig und überzeugt mit einer derart perfekten Leistungsentfaltung wie die V8-Triebwerke. Dementsprechend hoch gestaltet sich auch ihr Preisniveau. Besonders beliebt ist diese G-Variante bei jenen Käufern, die in Moskau oder Dubai residieren.

Der G 320 CDI V6 ist der neueste Turbodieselmotor. Er stellt mit seinem Siebengang-Automatikgetriebe eine gelungene Mischung aus dem Temperament des G 400 CDI und der Wirtschaftlichkeit des G 270 CDI dar. Dieses Triebwerk tritt als nun einziger Diesel im aktuellen G die Nachfolge beider Aggregate an und ist eine gute wirtschaftliche Alternative zu den V8- Benzinmotoren. Der G 320 CDI erreicht Autobahngeschwindigkeiten, die auf G 500-Niveau liegen.

Getriebe

Die Getriebe stammen wie auch die Motoren aus den Pkw- und Transporterbaureihen des Stuttgarter Autobauers. Bei einer Probefahrt sollte man besonders auf ungewöhnlich Geräusche achten, sowohl beim eigentlich Schalten als auch im Schubbetrieb. Lassen sich alle Gänge schnell und ohne zu kratzen schalten? Defekte Synchronringe sind besonders beim 2. und 3. Gang keine Seltenheit. Hat der Schalthebel sehr viel Spiel sind die Schaltkulisse und/oder die Gummibuchsen der Schaltstangen ausgeschlagen.

Automatikgetriebe

Das Automatikgetriebe muss weich und ruckfrei schalten. Schaltet das Getriebe beim starken Beschleunigen zu weich, bzw. hat man das Gefühl, der Gang rutscht durch, sind die Bremsbänder verschlissen, d. h. eine teure Reparatur steht an. Alle Automatikgetriebe, die bis zum Modelljahr 1991 (Baudatum bis September 1990) im G verbaut wurden, verfügen noch über eine Sekundärpumpe. Das heißt sie sind anschleppfähig.

Verteilergetriebe

Defekte am Verteilergetriebe sind eher selten. Beim W 463 gibt es ab und zu Schäden am Ausgleich durch zu langes Verweilen auf dem Bremsenprüfstand! Auch haben leistungsstarke W 463 schon mal Probleme mit dem Ausgleich aufgrund von durchdrehenden Vorderrädern bei Beschleunigungsorgien.

Die Achsen

Die Achsen sind von der Transporterachse abgeleitet und relativ robust. Sie können sich aber durch extreme Sprünge im Gelände oder starke Überbeladung auf der Piste verbiegen.

Vorderachse

Je nach Einsatz kann die Vorderachse schon nach 100.000 km eine gründliche Überholung benötigen. Schwachpunkt ist u.A. das innere Radlager. Es ist oft defekt, ohne dass es sich durch übermäßiges Spiel oder Geräusche bemerkbar macht. Fährt man dann weiter, wird oft das Achsschenkelgehäuse oder die Nabe beschädigt. Weiterhin können auch die Achsschenkellager, die Manschette des Gleichlaufgelenks (Homokinetisches Gelenk) oder das Gleichlaufgelenk selbst defekt sein. Starker

Fettaustritt an der Halbkugel des Achsschenkels deutet auch auf defekte Achsschenkellager hin. Am Besten das Fahrzeug aufbocken und mit einem langen Hebel versuchen, das Rad anzuheben, dabei innen auf eventuelles Spiel achten.
Außerdem sollte man mit eingelegtem Allradantrieb abwechselnd Links- und Rechtskurven fahren. Wenn dabei ein Klackern zu vernehmen ist, sind die Gleichlaufgelenke defekt. Die Gleichlaufgelenke können aber auch ohne hörbares Geräusch schon eingelaufen sein, wenn die Gummimanschetten längere Zeit defekt waren. Beim nächsten Geländeeinsatz können sie sich dann mit einem Knall verabschieden.
Vor Fahrtantritt sollten außerdem die Differenzialsperren auf Funktion geprüft werden. Dazu werden diese geschaltet und das Fahrzeug wird langsam in Schlangenlinien bewegt. Jetzt müssen die Kontrollleuchten der Sperren aufleuchten. Unbedingt auch die Sperren überprüfen. Wurden sie lange nicht benutzt, können sie klemmen. Zur Reparatur muss die ganze Achse zerlegt werden. Eine Vorderachsreparatur kann dann problemlos schon mal bis zu 1500,- Euro kosten!

Hinterachse

Es ist empfehlenswert, die Hinterachse auf Ölverlust und Radlagerspiel zu kontrollieren.

Vibrationen im Antriebsstrang

Viele G leiden unter Vibrationen im Antriebsstrang. Ursachen für die Vibrationen sind entweder defekte Gummilager der Verteilergetriebeaufhängung, defekte Kreuzgelenke der Kardanwellen, Veränderungen am Fahrwerk – oder von jedem etwas. Besonders die Kardanwellen sollte man sehr sorgsam in Augenschein nehmen, denn die Kreuzgelenke sind eingepresst und können nicht gewechselt werden, eine neue Kardanwelle kostet 700,- bis 950,- Euro. Die preiswerteste Möglichkeit bei defekten Kardanwellen ist die Überholung beim Gelenkwellenbauer; die kostet im Normalfall nicht über 400,- Euro.

Hinterfedern

Die hinteren Federn sind inkonstant gewickelt. Der Federdraht ist in der Mitte stärker als an den Enden. Häufig erlahmen die Federn oder brechen an den ersten Windungen. Ein sicheres Zeichen dafür ist ein runterhängendes Heck.

Bremsen

Die vorderen Bremsscheiben neigen zum Seitenschlag. Das Fahrzeug vibriert dann beim Bremsen.
Wenn das Bremspedal hart ist und trotzdem nur schlechte Bremswirkung vorhanden ist, kann ein oder mehrere Kolben der vorderen Bremszange festsitzen. Der G besitzt vorn Festsättel mit vier Bremskolben. Gerade bei älteren Modellen können die Staubschutzmanschetten beschädigt sein. Eindringendes Wasser hat dann Korrosion an den Kolben verursacht.
An den hinteren Trommelbremsen können bei älteren Fahrzeugen die Nachsteller festgerostet sein. Bei defektem Dichtring der Radlagerung kann Öl in die Bremse gelangen und entsprechend Schäden verursachen.

Probefahrt

Vor Antritt der Fahrt ist ein Blick unter die Haube sehr hilfreich. Ein kurzer Check von Motoröl und Kühlwasser ist ratsam. Ein Blick auf den Ölstand verrät etwas über den Zustand der Pflege. Ist die Füllmenge ausreichend? Welche Farbe und Konsistenz weist das Öl auf? Schwarzes, schlammiges Öl ist kein gutes Zeichen. Weiße, zähflüssige Masse im Öldeckel ist ein Indiz für eine defekte Kopfdichtung (Kühlwasser im Öl). Sind sonst irgendwelche Undichtigkeiten zu erkennen?
Für eine Probefahrt gilt generell, dass der Motor vor dem Anlassen kalt sein sollte, um das Startverhalten besser beurteilen zu können. Nach einer angemessenen Warmfahrphase sollte man die Kontrollanzeigen und Instrumente im Auge behalten. Warnleuchten sind immer ein schlechtes Zeichen. Steigt die Kühlwassertemperatur unter Last schnell an, kann das ein Anzeichen auf einen verkalkten Kühler oder einen defekten Viskolüfter sein.
Nach der Probefahrt muss man sich vergewissern, ob es im Motorraum oder unter dem Fahrzeug verräterische Anzeichen für Öl- oder Wasserverlust gibt.

▲ *Bei einer Probefahrt sollten alle elektrischen Verbraucher auf Funktion geprüft werden. Ein defekter Lüftermotor beispielsweise ist zwar nicht teuer, aber ein Austausch gestaltet sich sehr aufwändig (Armaturenbrett ausbauen).*

Generell gilt: Für welchen G man sich schlussendlich entscheidet, ist eine Frage des Geschmacks und des Geldbeutels. Wenn man nicht sehr viel Sachkenntnis besitzt und auch kaum Möglichkeiten zum Selberschrauben hat (Garage), sollte man um frühe Modelle (mit 10 oder gar mehr Vorbesitzern) unter 10.000,- Euro lieber eine Bogen machen. Auch wenn hier Ausnahmen mal wieder die Regel bestätigen können.
Lieber ein paar Euro mehr investieren und einen gut erhaltenen W 460 Bj. 88/89 für ca. 7500,- Euro.- oder frühe W 461/W 463 in Betracht ziehen. Hier bekommt man zwischen 10.000,- und 15.000,- Euro schon viel G fürs Geld.
Platzbedarf und damit die Karosserieausführung muss jeder nach seinen eigenen Bedürfnissen festlegen. Empfehlenswert ist, darauf zu achten, dass entweder eine Klimaanlage oder ein Schiebedach vorhanden ist. Alle anderen Ausstattungsdetails kann man einfach nachrüsten.
Wenn man dann noch dafür sorgt, dass der eigene G immer gut gepflegt wird, dann bekommt man für sein Geld ein Auto, mit dem man viele Jahre Spaß haben kann und das dank überragender Geländefähigkeit auch niemals langweilig wird.

▲ *Die vielfältige Modellpalette des G bietet für jeden Anspruch die passende Karosserieform.*

Modellbezeichnungen und Motor-Codes für den G (Quelle: Klaus Hold)

Baumuster	Verkaufsbezeichnung	Fahrzeugcode	Motorcode	Motorbezeichnung
W 460	230 G	460210	115973	M 115 V 23
W 460	280 GE	460212	110994	M 110 E 28
W 460	200 GE	460.216	102964	M 102 E 20
W 460	230 GE	460218	102981	M 102 E 23
W 460	230 GE	460218	102987	M 102 E 23
W 460	230 GE	460218	102998	M 102 E 23
W 460	230 G	460220	115973	M 115 V 23
W 460	230 G	460221	115973	M 115 V 23
W 460	280 GE	460222	110994	M 110 E 28
W 460	280 GE	460223	110994	M 110 E 28
W 460	280 GE	460224	110994	M 110 E 28
W 460	230 GE	460227	102987	M 102 E 23
W 460	230 GE	460228	102981	M 102 E 23
W 460	230 GE	460228	102987	M 102 E 23
W 460	230 GE	460228	102998	M 102 E 23
W 460	230 GE	460229	102981	M 102 E 23
W 460	230 GE	460229	102987	M 102 E 23
W 460	230 GE	460229	102998	M 102 E 23
W 460	230 G	460230	115973	M 115 V 23
W 460	230 G	460231	115973	M 115 V 23
W 460	280 GE	460232	110994	M 110 E 28
W 460	280 GE	460233	110994	M 110 E 28
W 460	200 GE	460236	102964	M 102 E 20
W 460	200 GE	460237	102964	M 102 E 20
W 460	230 GE	460238	102981	M 102 E 23
W 460	230 GE	460238	102987	M 102 E 23
W 460	230 GE	460238	102998	M 102 E 23
W 460	230 GE	460239	102981	M 102 E 23
W 460	230 GE	460239	102987	M 102 E 23
W 460	230 GE	460239	102998	M 102 E 23
W 460	230 G	460241	115973	M 115 V 23
W 460	280 GE	460243	110994	M 110 E 28
W 460	230 GE	460249	102981	M 102 E 23
W 460	230 GE	460249	102987	M 102 E 23
W 460	230 GE	460249	102998	M 102 E 23
W 460	280 GE	460299	110994	M 110 E 28
W 460	240 GD	460310	616936	OM 616 D 24
W 460	240 GD	460310	616938	OM 616 D 24
W 460	300 GD	460312	617931	OM 617 D 30
W 460	300 GD	460312	617932	OM 617 D 30
W 460	250 GD	460317	602930	OM 602 D 25
W 460	240 GD	460320	616936	OM 616 D 24

Baumuster	Verkaufsbezeichnung	Fahrzeugcode	Motorcode	Motorbezeichnung
W 460	240 GD	460320	616938	OM 616 D 24
W 460	240 GD	460321	616936	OM 616 D 24
W 460	240 GD	460321	616938	OM 616 D 24
W 460	300 GD	460322	617931	OM 617 D 30
W 460	300 GD	460322	617932	OM 617 D 30
W 460	300 GD	460323	617931	OM 617 D 30
W 460	300 GD	460323	617932	OM 617 D 30
W 460	240 GD	460324	616936	OM 616 D 24
W 460	240 GD	460324	616938	OM 616 D 24
W 460	240 GD	460324	616941	OM 616 D 24
W 460	300 GD	460325	617931	OM 617 D 30
W 460	250 GD	460328	602930	OM 602 D 25
W 460	250 GD	460329	602930	OM 602 D 25
W 460	240 GD	460330	616936	OM 616 D 24
W 460	240 GD	460330	616938	OM 616 D 24
W 460	240 GD	460331	616936	OM 616 D 24
W 460	240 GD	460331	616938	OM 616 D 24
W 460	300 GD	460332	617931	OM 617 D 30
W 460	300 GD	460332	617932	OM 617 D 30
W 460	300 GD	460333	617931	OM 617 D 30
W 460	300 GD	460333	617932	OM 617 D 30
W 460	250 GD	460337	602930	OM 602 D 25
W 460	250 GD	460338	602930	OM 602 D 25
W 460	240 GD	460341	616936	OM 616 D 24
W 460	240 GD	460341	616938	OM 616 D 24
W 460	300 GD	460343	617931	OM 617 D 30
W 460	300 GD	460343	617932	OM 617 D 30
W 461	250 GD	461402	602939	OM 602 D 25
W 461	290 GD	461403	602946	OM 602 D 29
W 461	290 GD	461404	602947	OM 602 D 29
W 461	250 GD	461405	602930	OM 602 D 25
W 461	250 GD	461405	602939	OM 602 D 25
W 461	250 GD	461450	602938	OM 602 D 25
W 461	290 GD	461450	602946	OM 602 D 29
W 461	290 GD	461451	602946	OM 602 D 29
W 461	250 GD	461452	602938	OM 602 D 25
W 461	290 GD	461452	602946	OM 602 D 29
W 461	290 GD	461454	602946	OM 602 D 29
W 461	290 GD	461455	602946	OM 602 D 29
W 461	250 GD	461456	602938	OM 602 D 25
W 461	290 GD	461456	602946	OM 602 D 29
W 461	250 GD	461458	602938	OM 602 D 25

Baumuster	Verkaufsbezeichnung	Fahrzeugcode	Motorcode	Motorbezeichnung
W 461	290 GD	461458	602946	OM 602 D 29
W 461	250 GD	461459	602938	OM 602 D 25
W 461	290 GD	461459	602946	OM 602 D 29
W 463	200 GE	463200	102965	M 102 E 20
W 463	230 GE / G 230	463204	102989	M 102 E 23
W 463	G 500	463206	113962	M 113 E 50
W 463	G 55 AMG	463206	113962	M 113 E 55
W 463	300 GE / G 300	463207	103987	M 103 E 30
W 463	G 320	463208	104996	M 104 E 32
W 463	G 36 AMG	463208	104996	M 104 E 36
W 463	G 320	463209	112945	M 112 E 32
W 463	200 GE	463220	102965	M 102 E 20
W 463	200 GE	463221	102965	M 102 E 20
W 463	230 GE / G 230	463224	102989	M 102 E 23
W 463	230 GE / G 230	463225	102989	M 102 E 23
W 463	300 GE / G 300	463227	103987	M 103 E 30
W 463	300 GE / G 300	463228	103987	M 103 E 30
W 463	500 GE / G 500	463228	117965	M 117 E 50
W 463	G 320	463230	104996	M 104 E 32
W 463	G 36 AMG	463230	104996	M 104 E 36
W 463	G 320	463231	104996	M 104 E 32
W 463	G 36 AMG	463231	104996	M 104 E 36
W 463	G 320	463232	112945	M 112 E 32
W 463	G 320	463233	112945	M 112 E 32
W 463	G 500	463240	113962	M 113 E 50
W 463	G 55 AMG	463240	113962	M 113 E 55
W 463	G 500	463241	113962	M 113 E 50
W 463	G 55 AMG	463241	113982	M 113 E 55
W 463	G 55 AMG	463243	113962	M 113 E 55
W 463	G 320	463244	112945	M 112 E 32
W 463	G 320	463245	112945	M 112 E 32
W 463	G 500	463247	113962	M 113 E 50
W 463	G 500	463248	113962	M 113 E 50
W 463	G 500	463249	113962	M 113 E 50
W 463	G 320	463250	112945	M 112 E 32
W 463	G 500	463254	113962	M 113 E 50
W 463	350 GDT / G 350 TD	463300	603972	OM 603 D 35 A
W 463	250 GD	463304	602931	OM 602 D 25
W 463	300 GD / G 300 DIESEL	463307	603931	OM 603 D 30
W 463	G 300 TURBODIESEL	463308	606964	OM 606 D 30 LA
W 463	G 400 CDI	463309	628962	OM 628 DE 40 LA

Baumuster	Verkaufsbezeichnung	Fahrzeugcode	Motorcode	Motorbezeichnung
W 463	350 GDT / G 350 TD	463320	603972	OM 603 D 35 A
W 463	350 GDT / G 350 TD	463321	603972	OM 603 D 35 A
W 463	G 270 CDI	463322	612965	OM 612 DE 27 LA
W 463	G 270 CDI	463323	612965	OM 612 DE 27 LA
W 463	250 GD	463324	602931	OM 602 D 25
W 463	250 GD	463325	602931	OM 602 D 25
W 463	300 GD / G 300 DIESEL	463327	603931	OM 603 D 30
W 463	300 GD / G 300 DIESEL	463328	603931	OM 603 D 30
W 463	G 300 TURBODIESEL	463330	606964	OM 606 D 30 LA
W 463	G 300 TURBODIESEL	463331	606964	OM 606 D 30 LA
W 463	G 400 CDI	463332	628962	OM 628 DE 40 LA
W 463	G 400 CDI	463333	628962	OM 628 DE 40 LA
W 463	G 55 AMGK	463270	113993	M 113 K 55

Nützliche Adressen und Ansprechpartner in Sachen G-Modell

Mercedes-Benz
Mercedesstr. 1
70546 Stuttgart
Fon: +49/711/17-0
Fax: +49/711/1791602
www.Mercedes-Benz.com

Mercedes-AMG GmbH
Daimlerstr. 1
70546 Affalterbach
Fon: +49/7144/302-0
Fax: +49/7144/302-120
www.Mercedes-Benz/AMG.com

MB GTC GmbH
Mercedes-Benz Gebrauchtteile-Center
Mörikestr. 60-64
Fon: +49/711/1770-000
Fax: +49/711/1770-038
www.mbgtc.de

Brabus Autosport
Brabusallee 1
46240 Bottrop
Fon: +49/2041/777-0
Fax: +49/2041/777-111
www.Brabus.com

GFG Gesellschaft für Geländewagen
Broicher Weg 6
53844 Troisdorf
www.G-Raid.de
Sand@G-Raid.de
Tel : +49/2241/2540083
Fax : +49/2241/2540084

ORC
Uhlandstr. 91
73760 Ostfildern-Nellingen
Fon: +49/711/343536
Fax: +49/711/34294221
www.ORC.de

Magna-Steyr-Daimler-Puch
Fahrzeugtechnik AG & Co KG
Liebenauer Hauptstrasse 317
A-8041 Graz
Fon: +43/316/404-2859
Fax: +43/316/404-0
www.steyr-daimler-puch.com

MKB Motorenbau GmbH
Otto-Hahn-Straße 2
D-71364 Winnenden
Fon: +49/7195/9161-0
Fax: +49/7195/916115
www.mkb-power.de

MGS -Geländewagentechnik
Böninghardter Straße 68i
D-46519 Alpen
Fax: +49/2802/700531
www.MGS.de

Mercedes-Benz Geländewagenclub e V.
Geschäftsstelle
Frankfurter Landstr. 18a
D-64291 Darmstadt
Tel.: +49 6151 8126-66
Fax: +49 6151 8126-67
www.g-club-ev.de

Klaus Hold
www.g-links.de

Jörg Sand
JorgSand@aol.com

Bücher für Offroader

Die überarbeitete Modellmonografie widmet sich ausführlich der Evolution der Mercedes-Benz G-Klasse und zeichnet die über 40-jährige Erfolgsgeschichte dieser charaktervollen Offroad-Fahrzeuge bis zu den aktuellen Versionen nach.
208 Seiten, 300 Abbildungen, 245 x 290 mm, Hardcover
49,95 EUR ISBN 978-3-95843-868-2

Die erste Generation der G-Klasse genießt unter den Offroad-Fans absoluten Kultstatus. Die G-Klasse ist das am längsten gebaute Modell in der Mercedes-Geschichte!
64 Seiten, ca. 100 farbige Abbildungen, 148 x 210 mm, Paperback
14,– EUR ISBN 978-3-95843-025-9

Dieser Ratgeber behandelt die Baureihe W 463 und die Baureihe W 461 von 2001 bis 2006 und ergänzt somit die nebenstehende Kaufberatung perfekt.
80 Seiten, zahlreiche Abbildungen, 148 x 210 mm, Softcover
14,– EUR ISBN 978-3-96664-917-9

Gewürzt mit allerlei Anekdoten und Hintergrundstories wird die Geschichte des Land Cruiser locker-leicht erzählt, für die nötige Information sorgen eine klare Strukturierung, übersichtliche Tabellen, viele Bilder und Grafiken und ein großformatiges Plakat mit der kompletten Historie der Modellreihe.
192 Seiten, ca. 300 größtenteils farbige Abbildungen, 245 x 290 mm, gebunden mit Schutzumschlag
39,95 EUR ISBN 978-3-95843-302-1

Off-Road-Trainer Arnold Christians zeigt, wie man richtig durchs Gelände fährt. Egal, ob Schotter, Flüsse oder tiefer Sand – es gibt immer einen Weg hindurch. Hier sind alle Kniffe und Tricks beschrieben.
256 Seiten, viele farbige Abbildungen, 245 x 290 mm, gebunden
29,95 EUR ISBN 978-3-95843-702-9

Mit seiner einfachen, soliden Technik und legendären Robustheit genießt der englische Geländewagenklassiker längst Kultstatus. Exemplare in gutem oder sehr gutem Zustand sind heute gesuchte Raritäten. Alles Wissenswerte rund um den Gebrauchtkauf!
64 Seiten, ca. 100 farbige Abbildungen, 148 x 210 mm, Paperback
14,– EUR ISBN 978-3-86852-804-6

Die einzigartige Erlebnisliste für Mercedes-Fahrer präsentiert allen Markenenthusiasten 100 witzige, spannende und lohnenswerte Dinge, die man mit einem Benz erlebt haben sollte.
120 Seiten, zahlreiche Farbfotos, 168 x 210 mm, Softcover
12,99 EUR
ISBN 978-3-96664-727-4

Markenunabhängig aber streng subjektiv – der Autor stellt hier eine Auswahl der 100 Traktoren, Mähdrescher und Nutzfahrzeuge vor, die man gefahren haben sollte.
112 Seiten, zahlreiche farbige Abbildungen, 168 x 210 mm, Softcover
12,99 EUR
ISBN 978-3-7588-0005-4

Roland Löwisch, einst Stern-Motor-Redakteur, Auto-Bild-Chefreporter und Sportscars-Redaktionsleiter präsentiert ausgesuchte Meilensteine und außergewöhnliche Automobile von Mercedes-Benz und zeichnet die spannende Firmen-Historie nach.
256 Seiten, zahlreiche Abbildungen, 222 x 275 mm
14,99 EUR
ISBN 978-3-95843-940-5